# 宽容是境界

苏　燕◎编著

天津出版传媒集团

天津人民出版社

**图书在版编目（CIP）数据**

宽容是境界 / 苏燕编著 . -- 天津 : 天津人民出版
社 , 2018.12

ISBN 978-7-201-13979-1

Ⅰ . ①宽… Ⅱ . ①苏… Ⅲ . ①个人—修养—通俗读物
Ⅳ . ① B825-49

中国版本图书馆 CIP 数据核字（2018）第 187276 号

## 宽容是境界

**KUAN RONG SHI JING JIE**

| | |
|---|---|
| 出　　版 | 天津人民出版社 |
| 出版人 | 黄　沛 |
| 地　　址 | 天津市和平区西康路 35 号康岳大厦 |
| 邮政编码 | 300051 |
| 邮购电话 | （022）23332469 |
| 网　　址 | http://www.tjrmcbs.com |
| 电子信箱 | tjrmcbs@126.com |
| 责任编辑 | 刘子伯 |
| 印　　刷 | 三河市恒升印装有限公司 |
| 经　　销 | 新华书店 |
| 开　　本 | 710×1000　　1/16 |
| 印　　张 | 16 |
| 字　　数 | 200 千字 |
| 版次印次 | 2018 年 12 月第 1 版　2019 年 1 月第 1 次印刷 |
| 定　　价 | 39.80 元 |

# 目 录
## Contents

# 第3章　从生活中找到问题

# 第4章　有问题就有办法解决

# 第5章　充分认识自己，提高修养

# 第6章　生活没有过不去的坎

# 第7章　心态好，生活处处有欢乐

# 第8章　你一定会做得更好

# 第1章

## 因为宽容，所以有境界

# 人生，需要有宽容的情怀

　　凡事都是有规律的，季节有春夏秋冬，气候有风霜雪雨，自然界有高山、低谷、河流、沙漠……自然的规律如此，人亦如此，人生存在这个世界上注定要顺应自然的规律。在生活中，我们不要为有缺憾而烦闷和忧愁，要多一分宽容，应当积极地去面对人生。

　　秦朝丞相李斯说："泰山不让土壤，故能成其大，河海不择细流，故能就其深。"没有对不美、不如意的鄙薄，就有对短小缺憾的包容；没有对不能的断言，就有"能成"的震撼！

　　李斯投靠在秦国承相吕不韦的门下，由于巧舌善辩，被秦王政，也就是后来的秦始皇看中，任命为客卿。所谓客卿，就是外来的官员，李斯本是楚国人，所以这样任命他。

　　一次，韩国给秦国派来了一个姓郑的水工，相当于我们现在的一位水利工程师。这水工给秦国出了个主意，让秦国开凿一条巨大的渠，引泾河的水来灌溉农田。很显然，这是韩国的计谋，目的就是用如此浩大的工程来耗费秦国的实力，让它没有力量再打韩国。

　　水渠投入建设后，秦王开始还满意，但是后来越来越疑惑，最后终于领悟了这是个计谋，他很生气，要杀这个姓郑的水工。同时，也对客卿产生了不满，大臣们则开始怀疑所有客卿都居心不良，他们联合请求秦王下逐客令。而李斯也在被逐之列。

可是李斯是一个野心家，他早就看到了秦国的壮大，他把所有的抱负都赌在了这里，怎么能忍受被驱逐呢？于是，他上书秦王，即《谏逐客书》。

李斯劝谏秦王，用人不能只用秦国的人，要广泛地网罗人才，这是符合秦国利益的。嬴政感动于那句："泰山不让土壤，故能成其大；河海不择细流，故能就其深"，接受了李斯的建议，废除了逐客令，进而重用李斯。

李斯也不负所望，辅佐朝政二十多年间，秦王吞并六国，统一天下，李斯也升为丞相。他又提出了许多改革的措施，使秦国越来越富强。

大海因为能够包容，小溪支流皆汇入，才有辽阔浩瀚的壮观；天空因为能够包容，阴晴雨雪勤变换，才有了自然气象的更替。没有包容，就没有壮阔；没有包容，就没有精彩。孟尝君之所以能够逃脱秦昭王的魔掌，是因为他能够容纳鸡鸣狗盗之辈；曹操官渡之战之所以能够以少胜多，是因为他能够举贤纳士，不拘一格。

在官渡之战前夕，袁绍遣人招降张绣，并与贾诩结好。张绣准备同意，贾诩却当着张绣的面回绝了袁绍的来使，准确地指出袁绍不能容人。贾诩说投降曹操有三点优势：曹操挟天子令诸侯，名正言顺；曹操兵力较弱，更愿意拉拢盟友；曹操志向远大，一定能够不计前嫌。

最重要的莫过于不计前嫌了，因为张绣和曹操之间有血海深仇。而张绣听从贾诩的建议，率众归顺曹操。曹操是怎么做的呢？他闻讯后大喜，亲自接见贾诩，执其手说："使我的信誉扬于天下的人是你啊！"虽然曹操的用意不过是利用其归顺来获得一个"纳贤"的好名声，但是他的宽容大度由此也可见一斑。

而袁绍与之相比，则要差得多。袁绍号称谋士如云，战将如雨，文有田丰、沮授、许攸、审配，武有颜良、文丑、张郃、高览，文臣武将，齐聚帐下，人才济济，但是袁绍却失败了，原因何在？不能容人。许攸、张郃、高览纷纷倒戈，与袁绍的为人不无关系。

而最让人难以忍受的是杀田丰之举。曹操东征刘备，许昌空虚，田丰建议袁绍乘虚而入，但是袁绍以"心中恍惚，恐有不利"为由错失了良机。曹操攻下徐州，刘备逃到袁绍处，要求他出兵，他不加考虑就同意了。这时田丰劝说道："以前曹操攻徐州，许都空虚，不及时进兵；今徐州已破，操兵方锐，未可轻敌。不如以久待之，待其有隙而后可动也。"袁绍不听。田丰又说："若不听臣言，出师不利。"袁绍大怒，将他逮捕下狱。

果然如田丰所料，官渡之战失败，军中将士都说，若听田丰的话，我们怎么会遭这等大祸。狱吏来给田丰贺喜，说："袁绍不听你的话，大败而回，你一定要受到重用了。"田丰说，"不然，我就要被处死了。"狱吏不明所以，田丰说："袁绍外宽而内忌，不念忠诚。若胜而喜，犹能赦我；今战败则羞，吾不望生矣。"事实就是如此，袁绍兵败，非常后悔，然而他首先想到的就是命使者拿他的宝剑前往冀州狱中去杀田丰。

袁绍表面上做得很能容人，实际上是不能容人，得罪了自己的人不能容，比自己见识高明的人不能容。焉有不败之理？

曹操煮酒论英雄，当刘备问到袁术、袁绍时，曹操说其不足挂齿。夫英雄者，胸怀大志，腹有良谋，有包藏宇宙之机，吞吐天地之志。能以包藏宇宙、吞吐天地的胸怀度量待人接物，自然就能够见人之长、容人之长、学人之长、用人之长从而成就自己的事业；自然就能够见贤思齐，见恶思改，反省自求，提高自己。

官渡之战不但是一个以少胜多的典型战役，更是一个为人处世的最高博弈，曹操因为深刻地领悟了包容的内涵，能包藏宇宙、腹吞山河，故能问鼎中原。

孔子说："君子坦荡荡，小人长戚戚。"坦荡的心胸因为能容，故能受人尊敬，得人推崇，被人追随；而戚戚不已，则因为无量、锱铢必较、耿耿于怀，人们只好敬而远之，如此，则难以聚集人气，也很难有所成就。

# 因为有了包容，才有了一望无际

一位哲人说的好：天空收容每一片云彩，不论其美丑，故天空广阔无比；高山收容每一块岩石，不论大小，故高山雄伟壮观；大海收容每一朵浪花，不论其清浊，故大海浩瀚无比。天空因为容纳了闪电和惊雷，才有风和日丽；森林忍耐了弱肉强食的残酷，才有郁郁葱葱；大海包容了千万条涓涓细流，才有一望无际。这是对包容最生动直观的诠释。

包容大度是成就事业的必须前提。一个人要想成就一番事业，就必须有恢宏的气度，三国时期，袁绍进攻曹操时，令陈琳写了三篇檄文。陈琳才思敏捷，斐然成章，在檄文中，不但把曹操本人臭骂一顿，而且骂到曹操的父亲、祖父的头上。曹操当时很恼怒，气得全身冒火。不久，袁绍失败，陈琳也落到了曹操的手里。一般人会认为，曹操这下不杀陈琳就难解心头之恨了，然而曹操并没有这样做。他慕陈琳的才华，不但没有杀他，反而抛弃前嫌，委以重任，这使陈琳很感动，后来为曹操出了不少好主意。

做大事者必要有容人之量，这样才会有人与你共享，为你效劳，你的事业才能不断发展壮大。从古至今皆然。中国历史上，唐太宗李世民之所以有"贞观之治"的辉煌，与他的包容大度，善于听取不同意见，有直接关系。著名的大臣魏征，原来是李世民的兄长太子建的臣属，在王室争权斗争中，曾鼓动太子建杀掉李世民。李世民发动玄武门政变，夺取政权后，不计旧恶，量才重用，使魏征觉得"喜逢知己之主，竭其力用"，忠心耿耿地辅佐李世民，为唐朝盛世的开创立下了汗马功劳。

在竞选总统前夕，林肯在参议院演说时，遭到一个参议员的羞辱："林肯先生，在开始演讲之前，我希望你记住自己是个鞋匠的儿子。""非常感谢你使我想起了我的父亲，他已经过世了。我知道，我做总统无法像我父亲做鞋匠那样做得好。"林肯接着对那个傲慢的议员说，"据我所知，我的父亲以前也为你的家人做过鞋子。如果你的鞋子不合脚，我可以帮你修好它。虽然我不是伟大的鞋匠，但我从小就从父亲那里学会了做鞋技术"。然后，他又对所有参议员说："对参议院的任何人都一样，如果你们穿的那双鞋是我父亲做的，并且需要修理或改善时，我一定尽可能帮忙。但有一点可以肯定，他的手艺是无人能比的。"此时，所有的嘲笑变成了真诚的掌声。

包容大度使林肯赢得了众人的信任和敬佩，为他以后当上总统开启了成功之门。反之，鼠肚鸡肠，大小争论，只言片语也耿耿于怀的人，没有一个能成就大事业，没有一个是有出息的人。

周瑜是个将才，可是他没有大将应有的度量。周瑜聪明过人，才智超群，然而，嫉妒心极重，容不得超过自己的人。他对诸葛亮一直耿耿于怀，几次欲害之，均不得逞。赤壁之战，周瑜损兵马、费钱粮，却叫诸葛亮图了个现成。后来，周瑜用美人计，骗刘备去东吴成亲，被诸葛亮将计就计，最后是"赔了夫人又折兵"，又气得周瑜"大叫一声，金疮迸裂"。最后，周瑜用"假途灭虢"之计，想谋取荆州，被诸葛亮识破，四路兵马围攻周瑜，并写信规劝他，周瑜仰天长叹："既生瑜，何生亮！"连叫数声而亡，可见周瑜度量之小。

一个要想在事业上有所成就的人，首先要具备豁达、开放、包容的胸襟，而后才能事业有成。海纳百川，靠的是宽容的心。做人做事，心胸不可太狭隘。尺有所短，寸有所长；金无足赤，人无完人。赏识别人的优点，包容别人的不足，靠的是有爱人之心、有容人之量。为你的仇敌而怒火中烧，烧伤的只能是你自己。忍不下一口气，就恶言刀枪相向；忍受不了他人的春风得意，就嫉妒诬陷。这样的人生只能昏暗无光，路会越走越窄。

事实证明，事业越成功的人，也就越有包容之心。包容犹如春天，可使万物生长，成就一片阳春景象。宰相肚里能撑船，不计过失是包容，不计前嫌是包容，得失不久居于心，亦是包容。包容可助你赢得下属的忠诚，保持其积极进取的心；可使你不受一时得失的影响，保持对事情正确的判断。所以，如果你想有所作为，获得成功，那就要学会包容，养成能够容忍谅解别人不同见解和错误的肚量。

生活中有些事情，或许你永远也不习惯，但你必须得学会克制，有包容大度的胸怀。也许你有兼济天下之才，但命运可能将你抛到社会的最底层，根本不给你展露才华的机会；也许你为人正直，作风干练，能力出众，深得同事拥护，但命运或许将你安排你成为一个不学无术、在领导面前溜须拍马，对属下飞扬跋扈的痞子领导的下属；也许你各方面条件都很好，但命运也许阴差阳错地把你推到一个你从来没想过要去的糟糕环境中……生活中我们遇到这种种不幸的可能性很大，怎么办？包容。生下来学习、工作、生活都顺风顺水的人可能有，但极少，绝大多数人都要遭遇到种种的不如意甚至是压抑，这个时候，包容大度就是非常明智的举措。

凡·高在成为画家之前，曾到一个矿区当过老师。有一次他和工人们一起下井，在升降机中，他感到了巨大的恐惧。颤巍巍的铁索嘎嘎作响，箱板在左右摇晃，所有的人都沉默着，听凭这机器把他们运进一个深不见底的黑洞。事后，凡·高问一个神情自若的工人："你们是不是习惯了，就不再感到恐惧？"这位坐了几十年升降机的老工人答道："不，我们永远不习惯，永远感到害怕，只不过我们已经学会了克制和忍耐。"

包容大度不是懦弱。懦弱是对生活的消极妥协，而是智者暂时的避其锋芒，是更加积极的蓄势待发，两者有本质的区别。有时，盲目的积极有为可能是无谓的牺牲，而有主见的忍耐却是另一种进攻的利器。包容大度是一种坚强。人生的道路很漫长，其间的坎坷或许也很漫长，两三天、两三个月的忍耐，有时很不够。越王勾践卧薪尝胆，是半生的忍耐；这样的忍耐，需要非凡的心智和过人的毅力，而一旦经历过去，人就会变得无比的坚强！任何成功的人在达到成功之前，没有不遭遇失败的。爱迪生在经历了2000多次失败后才发明了灯泡，而沙克也是在试用了无数介质之后，才培育出小儿麻痹疫苗。

　　爱默生说过："我们的力量来自我们的软弱，直到我们被戳、被刺，甚至被伤害到疼痛的程度时，才会唤醒包藏着神秘力量的愤怒。伟大的人物总是愿意被当成小人物看待，当他坐在占有优势的椅子中时会昏昏睡去，当他被摇醒、被折磨、被击败时，便有机会学习东西了；此时他会运用自己的智慧，发挥他的刚毅精神，他会了解事实真相，从他的无知中学习经验，治疗好他的自负。最后，他会调整自己并且学到真正的技巧。"

# 有了博大，就有了高度和视野

博大的胸襟是掌握全局、把握进退的关键，因为有了大气魄才能定大乾坤，才不至于迷失方向或半途而废。

要想成就大事就应该有旷达的胸襟和气魄。那些笑到最后的成功者，不见得有多么聪明能干，但他们一定都拥有做大事的气魄。因为在进退抉择的重要关头，如果没有这种大气魄，就难以舍弃所得到的东西，或者畏惧可能发生的祸患而犹豫不决。

我们不妨回想一下，那些成功人士的人生经历。你会发现，他们总是能够以一种令人敬佩的气魄面对人生中的磨难和挫折。这种气魄正是他们成就自己事业的一块稳健的基石。

南非的民族斗士曼德拉，因为领导反对白人种族隔离政策而入狱，白人统治者把他关在荒凉的大西洋小岛罗本岛上 27 年。当时尽管曼德拉已经是 70 高龄，但是白人统治者依然像对待一般的年轻犯人一样对他进行残酷的虐待。

曼德拉被关在总集中营一个"锌皮房"，白天打石头，将采石场采的大石块碎成石料。有时从冰冷的海水里捞取海带，还做采石灰的工作。他每天早晨排队到采石场，然后被解开脚镣，下到一个很大的石灰石田地，用尖镐和铁锹挖掘石灰石。因为曼德拉是要犯，专门看守他的人就有 3 个。他们对他并不友好，总是寻找各种理由虐待他。

但是，当 1991 年曼德拉出狱当选南非总统以后，曼德拉在他的总统就职典礼上的一个举动震惊了整个世界。

总统就职仪式开始了，曼德拉起身致辞欢迎来宾。他先介绍了来自世界各国的政要，然后他说，虽然他深感荣幸能接待这么多尊贵的客人，但他最高兴的是当初他被关在罗本岛监狱时，看守他的 3 名前狱方人员也能到场。他邀请他们站起身，以便他能介绍给大家。

曼德拉博大的胸襟和宽宏的精神，让南非那些残酷虐待了他 27 年的白人无地自容，也让所有到场的人肃然起敬。看着年迈的曼德拉缓缓站起身来，恭敬地向 3 个曾关押他的看守致敬，在场的所有来宾以至于整个世界都静下来了。

后来，曼德拉向朋友们解释说，自己年轻时因为心胸狭窄，性子很急，脾气暴躁，正是在狱中学会了控制情绪才活了下来。他的牢狱岁月给了他时间与激励，使他学会了如何处理自己遭遇苦难的痛苦。他说，感恩与宽容经常是源自痛苦与磨难，必须以极大的胸怀来接受。他说起获释出狱当天的心情："当我走出囚室、迈过通往自由的监狱大门时，我已经清楚，自己若不能把悲痛与怨恨留在身后，那么我其实仍在狱中。"

气魄胸襟是一种精神力量，它决定着我们视野的高度和广度。很难想象，如果没有那些拥有伟大气魄的成功者，我们的社会现在会是一个什么模样。如果没有博大的胸襟，就不可能有远大的目标和理想，因为小小的一点成就会洋洋自得，不思进取。无一例外，只有那些为自己的理想而愿意放弃眼前的利益和成就的人，才能成为一代大家。

著名的音乐家谭盾刚到美国的时候非常艰难，为了生存他经常和一个黑人琴手在闹市区卖艺。因为出色的技艺，谭盾很快就在那一带小有名气。谭盾总能在一个晚上赚到不少的钱，后来还有各种人找他去做一些商业性质的演出，比如生日舞会，或者婚礼。演出大大地改善了谭盾的生活状况，一切似乎都很顺利，他完全可以衣食无忧。

　　这对于很多人已经非常满足了，但谭盾最终却放弃了眼前的成就，他认为自己是一个音乐家，而不只是一个浪漫的流浪歌手，所以他利用自己这段时间积攒的钱去大学深造。10年后，当他再次路过那片闹市区时，发现昔日老友仍在那儿卖艺，而他自己已是个国际知名音乐家了。

　　谭盾的经历告诉我们：人必须要有博大的胸襟。正是因为谭盾有了博大的胸襟，才萌生了成为音乐家的理想，并为理想努力奋斗，能做到了为了理想而放弃眼前的利益。就像红顶商人胡雪岩说的那样，"如果你拥有一县的眼光，那你可以做一县的生意；如果你拥有一省的眼光，那么你可以做一省的生意；如果你拥有天下的眼光，那么你可以做天下的生意。"

　　有一次，17岁的汉武帝带着随从微服出访，来到一个叫作柏谷的地方。晚上，他们住进一家客店。店主人见他们年纪轻轻，行动诡秘，以为是一伙盗贼。汉武帝口渴了，想讨点水喝。店主人脑袋一扬，没好气地说："我这里没有水，只有尿！"说完，就偷偷溜出店门，打算召集附近的老百姓袭击这伙可疑的旅客。店主人的妻子是个精明女子，她猜出了丈夫的心计，连忙跟了出来，好言相劝说："我看他们不像盗贼，那领头的倒像个贵公子。你千万不能轻举妄动，错伤好人。"

　　店主人有些犹豫了，妻子乘机把他拉回屋里，花言巧语地劝他喝起酒来。不大一会儿，店主人就被灌了个烂醉。于是，女主人又是杀鸡，又是宰羊，摆下酒席盛情款待了客人一番。第二天一早，汉武帝知道了事情的经过。回宫之后，他立即召见店主人夫妻俩，先赐给女主人一千两金子，接着又把目光投向男主人。顿时，大殿里的气氛紧张起来，人们以为男主人一定会受到惩罚。谁知，汉武帝不但没有降罪，反而称赞他疾恶如仇，是个壮士，并当场拜他为羽林郎。这件事传出之后，汉武帝的威望更高了。

　　以宽容的胸怀处世，展人生境界。东坡年少成名，才华横溢，吟诗挥毫，好不欢愉。晚年怎奈何仕途不顺，遭变法派打击，一贬再贬，颠沛流离。但东坡没有抱怨人世的不公，反而以宽容的胸怀待之，他泛舟赤壁，"寄蜉蝣于天地，渺沧海之一粟"；他歌"人生如逆旅，我亦是行人"；他唱"九死南荒吾不恨，兹游奇绝冠平生"。这豁达之胸襟跃然纸上，人生之境界喷涌而出。这是一种宽容的姿态，是一种清者自清的理性，是一种智慧豁达的处世之道，也是一种豁达洒脱的态度，有着不必言说却令人仰望的分量。

很多人，在经历了生死历练的洗礼后。就会更加懂得这个世界是这么的美好，用一颗宽容的心去感触生命中的人和事，用一颗感恩的心去感激你身边的人。你会觉得这个世界会变得更美丽。一个人之所以快乐，并不是你得到的多，而是你计较的少。人们说："比地大的是海，比海大的是天，比天大的是人的胸怀！"你要是理解了这句话，心胸就会变得宽阔了。

有了博大的胸怀和宽容一切的心灵，宽容自然会散发出浓浓的醇香。宽容能使我们活得轻松，使我们的生活更加快乐。拥有博大的胸襟才能勇往直前。小时候，我们常听老人们讲爬山的秘诀："看得远才能走得远。"那些拥有博大胸襟的人目光远大，一方面他们更能看清方向，在向目标前进的路上走得顺利，不至于总是遇到障碍走回头路；另一方面他们积极乐观，在漫长的路上走起来也不会觉得太累，所以他们总能走得快，走得远。

# 拿得起是一种功力，放得下是一种修养

这世上，为何有的人活得轻松，而有的人却活得沉重？因为前者拿得起，放得下；而后者拿得起，却放不下，所以沉重。人要拿得起，也要放得下。拿得起是生存，放得下是生活；拿得起是能力，放得下是智慧。

有的人拿不起，也就无所谓放下；有的人拿得起，却放不下。拿不起，就会庸庸碌碌；放不下，就会疲惫不堪。人生有许多东西需要放下，只有放下那些无谓的负担，人才能一路潇洒前行。

多年前，马来西亚有一家国营钢铁厂经营不景气，亏损高达15亿元。首相找到华裔企业家谢英福，请他担任公司总裁，他不假思索地答应了。在别人看来，这是一个错误的决定，因为钢铁厂债重难还，而生产设备又落后，员工人心涣散，这是一个巨大的洞，根本无法填平的洞。

面对种种议论，谢英福却坦然地对媒体说："当年我来到马来西亚时，口袋里只有5元钱。这个国家令我成功，现在我要报效这个国家，如果我失败了，那就等于损失了5元钱。"

最终，年近六旬的谢英福从别墅里搬出来，住进了那家破败的钢铁厂。三年后，工厂起死回生，开始大量盈利。

得失只在5元钱，这是一种勇气，一种超脱。

武侠小说界泰斗金庸先生在自己一生的几次重大转折时，都表现出拿得起，放得下的气魄。

　　金庸在 15 年间写出 15 部武侠小说，获得了巨大声誉，然而到了 1970 年，他毅然闭门封笔，用 10 年时间修改出版了一整套的《金庸作品集》。把如日中天的事业毅然放下，并不是一般人能够做到的。

　　拿得起，放得下的气魄还表现在他创办《明报》的过程中。在写作之外，20 多年来的《明报》社论几乎都是他写的，还逐渐赢得了政论家的声誉。然而他又主动把主笔交给了其他人，自己偶然动笔。一般的社论题目是楷体字，如果某一天出现是宋体，那就是他亲自写的，"查记出品，宋体为号"。

　　人的一生很短暂，放弃其实是为了得到，只要能得到你想得到的，放弃一些对你而言并不重要的东西，又有什么好为难的呢？贪婪是大多数人的毛病，并且因此给自己带来压力、痛苦、焦虑和不安。往往什么都不愿放弃的人，结果却什么也没有得到，反而是那些懂得放弃的人，得到的却是人生另一番美妙的风景。

　　我们总以为放弃之后，我们会失去很多，而事实却不是这样，放弃并不等于失去，放弃了某个东西，或许我们收获的不仅仅是另一个东西，还有另一种心境，使人生得到一大放松。

　　这就像对于一份已经死亡的爱情，那个你朝思暮想的人已经不再爱你，抓在手中又有什么意义呢？一个舔着伤口过日子的人为何不选择另一种新的生活呢？放弃，并不意味着失去，放弃了旧的东西，才能让新的东西填充未来，人该有对新生活的憧憬以及有勇敢地放弃痛苦生活的洒脱。在放弃之后，你可能会发现一身轻松，太阳是全新的，外面的世界是全新的，那些旧的阴霾都已经消散，迎接你的是美好的明天。

　　拿得起是一种功力，放得下是一种修养。前者可贵，后者才是人生处世之真谛。唯有放得下，才能将拿得起的东西更好地把握住，从而抓住最重要的东西。所以，有人说，人生最大的选择就是拿得起，放得下。只有这样，你才能活得轻松而幸福。

　　一个背着大包裹的忧愁者，千里迢迢跑来拜访一位德高望重的哲人，他诉苦道："先生，我是那样的孤独、痛苦和寂寞，长期的跋涉使我疲倦到极点，我的鞋子破了，荆棘割破了双脚，手也受伤了，流血不止；嗓子因为长久的呼喊而喑哑……为什么我还不能找到心中的阳光？"

哲人问："你的大包裹里装的是什么？"忧愁者说："它对我可重要了。里面是我每一次跌倒时的痛苦，每一次受伤后的哭泣，每一次孤寂时的烦恼……靠了它，我才能走到您这儿来。"

于是，哲人带忧愁者来到河边，他们坐船过了河。上岸后，哲人说："你扛了船赶路吧！""什么，扛了船赶路？"忧愁者很惊讶，"它那么沉，我扛得动吗？""是的，孩子，你扛不动它。"哲人微微一笑说，"过河时，船是有用的。但过了河，我们就要放下船赶路，否则它会变成我们的包袱。痛苦、孤独、寂寞、灾难、眼泪，这些对人生都是有用的，它能使生命得到升华，但须臾不忘，就成了人生的包袱。放下它吧！孩子，生命不能太负重"。

忧愁者放下包袱，继续赶路，果然他发觉自己的步子轻松而愉悦，比以前轻快很多。原来，生命是可以不必如此沉重的。

人生在世，当鱼和熊掌不能兼得的时候，继续为了"兼得"而不做舍弃，这就不是智者的行为。

有只狐狸被猎人用套夹夹住了一只爪子，它毫不迟疑地咬断了那条小腿，然后逃命。放弃一条腿而保全一条性命，这是狐狸的哲学。人生亦应如此，在生活强迫我们必须付出惨痛的代价以前，主动放弃局部利益而保全整体利益是最明智的选择。智者曰："两弊相衡取其轻，两利相权取其重。"趋利避害，这也正是放弃的实质。人生的目的不是面面俱到，不是多多益善，而是把已经掌握的东西得心应手地去运用，它跟宝剑一样，剑刃越薄越好，重量越轻越好。

一个带着过多包袱上路的人注定不会走得快，只有卸下身上的包袱才可能走得更快，我们总是让生命承载太多的负荷，这个舍不得丢掉，那个舍不得丢掉，最终被压弯腰的是我们自己。人应该放下太多的虚荣，放下太多的功利，放下金钱的压力，为我们自己的肩膀减负。

　　精明者敢于放弃，聪明者乐于放弃，高明者善于放弃。其实人天生就懂得放弃，但放弃非盲目的，而是有选择地放弃，所以放弃重在选择，次在放弃。放弃失落带来的痛楚，放弃屈辱留下的仇恨，放弃心中所有难言的负荷，放弃耗费精力的争吵，放弃没完没了的解释，放弃对权力的角逐，放弃对金钱的贪欲，放弃对虚名的争夺——放弃的是烦恼，摆脱的是纠缠，收获的就是快乐，拥有的就是充实。

　　放弃是为了更好地拥有。放弃是一种超脱，一种气度，更是一种升华，一种境界。放弃，是一种智慧，是一种豁达，它不盲目、不狭隘；放弃，对心境是一种宽松，对心灵是一种滋润，它驱散了乌云，它清扫了心房。有了它，人生才有坦然的心境；有了它，生活才会阳光灿烂。

# 有了宽容，就有了心静而且虚空的境界

宽容，是一种豁达、也是一种明白、一种尊重、一种激励，更是大智慧的象征、强者显示自信的表现。宽容是一种坦荡，能够无私无畏、无拘无束、无尘无染宽容是一种非凡的气度、宽广的胸怀，是对人对事的包容和接纳。

有人曾说过："世界上最宽阔的是海洋，比海洋宽阔的是天空，比天空更宽阔的是人的胸怀。"

大海因为能够容纳百川，所以可以成为浩瀚的海洋。莎士比亚忠告人们说："不要因为你的敌人而燃起一把怒火，只会烧伤你自己。"假如别人伤害了自己，千万不要只会怨恨，关键是要学会宽容，并避免被别人再次伤害。

没有宽广的胸怀，就没有宽广的境界，也就没有真正意义上的成功。虽然一个人一生的成败会由许多因素决定，但是归根结底离不开人自身的性格，而性格中的重中之重又在于一个人的包容。一个能够包容的人，心静而且虚空，佛教中著名的星云大师说："生活本身就是神通。"一个具有宽广胸怀的人总是能够比别人看得高、望得远，在他的世界里，总是别有洞天，因此，他能够出奇、出新、出彩。

祁奚，字黄羊，是晋平公时著名的大夫，他是一个忠厚勤恳、宽容豁达的人。

一次，南阳县缺少个县令。于是，晋平公问祁黄羊，谁能够担任这个职务。祁黄羊回答说："解狐可以。"平公听了很惊讶，说："解狐不正是你的仇人吗？你怎么推荐仇人呢？"祁黄羊答道："您是问我谁担任县令这一职务合适，并没有问我谁是我的仇人。"晋平公赞叹不已，接受了黄羊的意见，派解狐去任职。让晋平公非常满意的是，解狐果然不负黄羊对他的信任，他任职后为民众做了许多实事、好事，受到南阳民众的拥护。

又有一回，晋平公想增加一位军中尉，于是又请祁黄羊推荐。祁黄羊说："祁午合适。"祁午是黄羊的儿子，平公不禁问道："难道你就不怕别人说闲话吗？"祁黄羊坦然答道："您是要我推荐军中尉的合适人选，而没有问我儿子是谁。"有了第一次的经验，晋平公欣然接受了这个建议，派祁午去担任军中尉的职务。结果祁午也不负所望，干得非常出色。

孔子听了这两则故事以后，感慨道："太好了！祁黄羊推荐人才，对外不排斥仇人，对内又不回避亲生儿子，真是大公无私啊！"

这就是"外举不避仇，内举不避亲"的典故，祁黄羊也因此而名扬千古。成事有时候并不难，只要有一颗宽容容的心。是宽容，让祁黄羊不再在乎无关紧要的细枝末节，而直指问题的核心；是宽容，让祁黄羊没有人性弱点的阴影，不受自我感情的约束，而只就事论事。

在当今足坛，齐达内无疑是一个标志性人物。其控球能力出神入化，球性极佳，能传能射，所有的球迷都亲切地称呼他为齐祖。2006 年世界杯是齐祖告别的倒计时。

那一晚，对于齐达内来说，无疑是一个荣耀，虽然他好像已不缺什么了：世界杯冠军、欧洲杯冠军，世界、欧洲足球先生，联赛、杯赛冠军，但是这是他最后在球场上的演绎，他对球迷最后的告别。

然而，正当所有的球迷都为这位一向温文尔雅的齐祖心醉不已时，他却做出了令人吃惊的事情，在所有球迷心中画上了一道阴影。在比赛快圆满结束时，齐祖突然对马特拉奇进行了头击，这一动作让所有的人都傻了。人们不明白，

19

马特拉奇到底说了什么，让这位老大哥——冷静的球队灵魂失去了理智，被红牌罚下场。

接下来就是法国队的厄运，没有了齐达内的法国队输了。完美的告别仪式却以如此的缺憾结束。这几乎成了震惊世界的新闻，齐达内的失误也提醒了世人，任何时候都要能够宽容。越是不能忍受时，宽容就越发显得可贵。

其实，齐达内之所以广受球迷的喜爱，不光因为他的优美的球技，更因为他的人品，他的敦厚温良，他的温文尔雅，可是，在最关键的时刻，他却没能做到宽容，结果成全了对手，这恐怕是他球场生涯中最大的败笔。

人的一生会遇到许许多多不公平的事，如果没有宽广的情怀，不能宽容，那么，面对每件事都会产生烦恼、生气、痛苦，最终人的这一生就都葬送在这些毫无意义的小事情上了，还有什么理想可言呢？还有什么进步可言呢？

乔·路易是美国著名的拳王，在拳坛，他所向无敌。有一次，他和朋友一起开车出游，途中，因前方出现意外情况，他不得不紧急刹车，不料后面的车因尾随太近，刹车不及时，撞在了路易的车上。

后面的司机怒气冲冲地跳下车来找路易理论，说他刹车太急，继而又大骂乔·路易驾驶技术有问题，并在他面前挥动着双拳，大有想把对方一拳打个稀烂之势。

在世界拳王面前耍拳头，这不是滑天下之大稽吗？路易的朋友冷冷地看着那个司机，等着看他的笑话。

然而，乔·路易自始至终除了道歉的话再无一语，那司机自以为得理，他挥舞着，咒骂着，直到骂得自己都觉得烦了才扬长而去。乔·路易的朋友非常不解，等到那个无理司机走后，他问路易："那人如此无理取闹，你为什么不狠狠揍他一顿？"

乔·路易认真地说："如果有人侮辱了帕瓦罗蒂，帕瓦罗蒂是否应为对方高歌一曲呢？"

　　宽容是一种大度、是高尚情操的表现。宽容之中蕴含着一份做人的谦虚和真诚，蕴含着一种对他人的容纳与尊重。学会宽容，心灵上就会获得宁静和安详。学会宽容，就能心胸开阔的生活。很多时候，宽容会给人带来一种良好的人生感觉，使我们感到愉悦和温暖，生活中就会少些怨气和烦恼，就能感觉到生活中"快乐"的丰富，而不是匮乏。

# 让包容抚去生命中的黑暗

月有阴晴圆缺，人有悲欢离合，物有成往坏灭。生命是诸多刹那所构筑的轨迹，可以是精彩，可以是失意，态度是一以贯之的相续，选择态度，就是选择生命的意义。生命需要包容。包容只有两个字，却是一个无比宽广的境界！

激情绽放的紫罗兰忽然遭遇了粗鲁的践踏，然而，它却将芬芳留在了那双脚上，这就是包容。相对于芬芳来说，紫罗兰的豁达宽容留给人们的记忆更长久。每个生命都可能会遭遇不可测的挫折，然而，我们中的很多人是怎样面对这样的命运安排呢？

这是一份让人触目惊心的资料：

2017 年，大学生自杀事件接连出现。1 月 11 日，山东大学一女生被发现在出租屋内上吊自杀，被发现时已身亡 4 天；2 月 27 日，广西大学一在读研究生烧炭自杀死亡；3 月 4 日，渭南职业技术学院农学院一名大二学生在宿舍内上吊身亡；4 月 11 日，厦门华厦学院大二在校女学生因卷入校园贷款选择自杀。

……

一个个鲜活的生命在刹那间凋零，让人们不禁感叹：这个世界到底怎么了？其实反过来看这些离去的人们，他们如此选择的原因只不过是"无法忍受"。他们用狭隘的境界践踏了生命的尊严。

包容生命，就要珍惜生命。生命对于每个人只有一次，这谁都知道，但人们往往在愉快地接受生命的同时，却不愿意接受生命的附属品——命运。生命和命运就像是水杯和水之间的关系，水杯容纳下水，水才能被人们把握利用，体现出它的价值所在。而命运也是一样，只有在生命存在的前提下，它才有可能有意义；也因为有了生命的容纳，它才可能被人们掌握控制，重新安排精彩的人生进程，体现出生命的价值。

生命如流星般在尘世转瞬即逝，拥有生命，却不懂得如何去包容生命、包容命运是可悲的。不管处在多么危机四伏、险象环生的境地，即便是处在人生的岔路口及转弯处，我们都应当时刻提醒自己："我还活着，这是多么幸福的事。"

生命的和谐需要包容，每种生活都免不了苦难，难以忍受，也就难以享受。

她的名字叫杨慧，生活在一个小县城里，她在出生 8 个月时，便被病魔夺去了健康的躯体，下肢全瘫，右手肌肉严重萎缩，仅左手能稍作活动，成为一个只能坐在轮椅上生活的人。

可是就是这样的人，在她 18 岁时独闯世界。开始她靠着摆 5 分钱一本的小人书地摊，维持自己的生计，可她不满足于现状，经过自己的不懈奋斗，最后拥有了一家大书店。

在经营了 10 年书店之后，她有了一些积蓄。30 岁时，杨慧办起了县城里第一家私人幼儿园，其后，她全身心投入到教育中，规模逐渐扩大。在她 38 岁时，她连续创办了县里、市里第一家特殊教育学校。4 年下来，使近百名残疾、弱智少儿入学，如今仍有 53 名在校学生。

后来，她又创办了集小学、初中、高中于一体的以她名字命名的实验学校。很多人慕名而来。再到后来，她当选为人大代表。

杨慧从来不认为自己是不幸的，相反，她认为自己很幸福。

有一句话说得好：每个生命都是被上帝咬过一口的苹果，至于那些有缺陷的人，只是上帝格外偏爱他们而已。上面那些自杀的孩子们，如果能像杨慧这样，包容生活的苦难，包容生活的压力，那么，又会是另一番情境了。

越王勾践做奴仆而能容忍，"卧薪尝胆"而后自强，举兵大败吴王夫差，成为千古佳话；司马迁受宫刑而能"苟活"，故能有《史记》流传千古。再到那段令人惊悸的中国知识分子精神伤害史中去看：沈从文请黄永玉"到这边来看荷花"；杨绛在斗室中精心布置，等待与钱钟书的重逢；汪曾祺在自然中品茶饮酒、寻找乐趣……没有海洋天空一样广阔的心胸，也就没有令后世人为之动容的魅力。

在巴比伦花园那道因历经战火摧残而残破不堪的墙上刻着一首诗：

多谢命运的宠爱与诅咒

我已不知道我是谁

我不知道我是天使还是魔鬼

是强大还是弱小

是英雄还是无赖

如果你以人类的名义把我毁灭

我只会无奈地叩谢命运的眷顾

世界上的一切，还有什么不能容呢？纵然是伤害、折磨、痛苦，那不过是过眼烟云，你不看重它，它也就没有能力来打败你。

面对苦难，我们要用包容之心来面对它，用勇敢的态度与它抗争，如此，生命才不至全然黯淡，这就是包容的境界。

# 因为从容，人生不同阶段的角色才更精彩

　　当你的生活中出现多个角色时，你是否有想过是你在演绎他们，是你把他们演绎的活灵活现。其实每个人都不想有很多的身份、角色，怎么来演自己的角色全靠自己把握。

　　当你的人生角色出现转变时，也不要因为角色的转变而产生抱怨的情绪。前越南主席胡志明有一句名言"处事从容日月长"。它不仅有着深邃的人生哲理，而且蕴含着健康快乐的奥秘。

　　从容概括为舒缓、泰然、大度、恬淡之总和。人生需要从容。每个人都是自己生命之舟的主人，当你驾驭生命之舟时，不可能总是一帆风顺，必然会遇到滚滚激流或惊涛骇浪，这就需要从容把舵，战胜艰难险阻。只有这样，才能创造美好的人生。

　　从容是一种人生修养，那些在人生道路上经历坎坷却仍然从容对待，不断取得成就的人，使人不禁油然而生敬意。

　　一家高科技企业老总在接受访谈时，曾动情地说："我要说说我的四个10 年。那是个不断寻找，不断变化，再不断重新追寻的过程。

　　有得有失，有苦有乐。我看重的是这个过程，追寻梦想比实现梦想有意义得多；寻求变化比因循守旧、一成不变刺激得多。人生就是要经历这样的过程，否则就枉在人世间走一遭。"

　　这位老总在他 19 岁时，就响应号召，奔赴遥远的北国边陲扎根种地当农

民，充满豪情地寻找当时他心目中的"奶酪"——革命理想。他深入研读《资本论》《毛泽东选集》；他主持的一个知青写作小组，给权威的报纸、杂志写政论性的文章，写文艺评论，写通讯报道，写小说、诗歌，最后写出了名，《人民日报》《光明日报》《人民文学》都要调他去……大大的"奶酪"在等待他，但他放弃了。

当时他心目中的"奶酪"是种地当农民，后来他回忆说："当时的放弃，是盲目的、无知的，却是最纯粹的，没有想过放弃之后想要得到什么，没有权衡利弊的挣扎与失落。"

他在当地的一所只有几个班的中学教书，教数学、语文、英语、体育，甚至音乐。他能弹手风琴、电子琴，吹口琴；他会打篮球、排球。1977 年恢复高考，他以全地区总分第二的成绩报考上海复旦大学文艺评论专业。结果因为某些原因，被取消了录取资格。这是一次充满希望的寻找，却眼看着到手的"奶酪"被人毫不费力地拿走了，并被冠以冠冕堂皇的理由。这前后一折腾，正好是第一个 10 年。

后来，他回到上海，在一所中学总务部门管全校的桌椅板凳、窗帘和日光灯，修厕所里的抽水箱。一日，他跑到校长室，要求能允许他进教室听其他老师上课。那年，他已经 29 岁。后来回忆起来，他说："自己那是在争取新'奶酪'，不过当时不很明确，只知道我能当老师，而且比许多人都干得好。"

反正后来他就慢慢成了教研组长、教导主任，直至有一天校长找他谈话，告诉他已把他列为第三梯队副校长的人选。

而就在此时，他准备走了，去寻找他的新"奶酪"。这一段经历，也正好是第二个十年。

他的新"奶酪"其实很小，味道也不怎么样——一张没有刊号的专业小报，就他一个光杆司令，一张办公桌，一平方米的办公空间。他为此奋斗了第三个 10 年，结果把这块"奶酪"做得很大很大，生出了子报，养了一大帮子人。

正当人人都喜不自胜地享受着"奶酪"的美味时，他却一直在给自己敲警钟，他说他经常感到这块大家赖以生存的"奶酪"或是"蛋糕"的味道已经不对了，它似乎开始变质了，因为想拥有它的人太多，而这些人并非在想如何才能为它创造更多的利润。

所以，他打定主意，从现在起，他要时刻保持警觉。他要期待着发生变化，而且要去主动追寻变化。他应该相信自己的直觉，并做好了准备去适应这些变化。

变化终于来了。他转眼成了一家高科技股份制企业的老总，当了名副其实的老板。不过，他并不讳言这个变化对他来说是巨大的，去适应它是艰难的。因为相比以往的三个 10 年，他必须放弃更多的东西，一些常人看来可能一辈子也得不到的东西——地位、荣誉、高薪、职务、安稳、人际关系网……最重要的是，放弃你一手创造的东西。

不过，这仅仅是一种思维，另一种思维是这样的（而他采用的恰恰是这一种）：朝新的方向前进，你会发现一个崭新的天空，摒弃原来国营单位的一切弊端，完全可以按照自己的想法实施的崭新的模式。换句话说，就是行与不行，都在你自己，没有任何客观理由。他雄心勃勃地又给自己准备了 10 年的时间，再一次闯荡一番。

因为他发现那些他曾经觉得是最美好的时光，其实正是他一个人艰苦奋斗，寻找成功与梦想的时候。

这位老总的故事诠释了这样一个道理：船停泊在港湾是安全的，但船的用途并不在于此。人如果躺在地上，就不会跌倒，但这也并非人活着的目的。

有一首诗这么写着："坟墓是幽静的地方，不受干扰；但我想：没有人愿意在那里休息。"人生在世，就是要去体验。只有勇敢迈向未知的领域，才能领悟生命的真谛；尝试未曾做过的事，才能学到经验。

　　人生舞台上，每个人都扮演着不同的角色，不论卑贱高低，不论美丑，都应该坦然面对自己的角色，相信每一个角色都是经过上帝精心挑选的，我们只能心怀感恩地接受，并善待自己的角色。

　　不要因为觉得卑微而自暴自弃，要相信，每一个生命都有它特殊的使命和意义；不要因为身份高贵而目中无人，要懂得，上帝赋予尊贵也有它必然的使命。

# 有些事睁一只眼，闭一只眼就过去了

我们知道，为人处世是一门学问，更是一门艺术。在现实社会中，如果一个人过分讲究原则，难免会碰钉子，为周围的人所不容，甚至仇视，感觉为人处世之难。这就要求人们无论是做人还是处世，都不要太认真了，不让"难得糊涂"突破我们自己的道德底线，凡事睁一只眼，闭一只眼，不过于精明，乃是人们周旋于世的最佳方案。

在人际交往中，当我们遇到鸡毛蒜皮的小事时，只要没有实质性的错误，我们就不要去纠正它。视而不见，充耳不闻，也不失为一种好办法。

戴尔·卡耐基是教育专家，也是成功学家，他是处理人际关系的"老手"，然而早年时，也曾犯过错误。在他的回忆中说：

"那是一天晚上，我参加一个宴会。宴席中，坐在我右边的一位先生讲了一段幽默故事，还引用了一句话，意思是'谋事在人，成事在天'，并提到，他所引用的那句话出自《圣经》。他错了，我知道，我很肯定地知道出处，一点疑问也没有。为了表现优越感，我很讨嫌地纠正他。他立刻反唇相讥：'什么？出自莎士比亚？不可能！绝对不可能！'那位先生一时下不来台，不禁有些恼怒。"

然而此时的卡耐基一心只想把自己的观点阐述明白，因此，他决定找个证人，来证明自己的观点的正确性。接下来，他写道：

"当时我的老朋友法兰克·葛孟坐在我身边。他研究莎士比亚的著作已有多年，于是我就向他求证。葛孟在桌下踢了我一脚，然后说：'戴尔，你错了，这位先生是对的。这句话出自《圣经》。'我有些不服，但是也没有继续说下去。那晚回家的路上，我对葛孟说：'法兰克，你明明知道那句话出自莎士比亚。''是的，当然'。他回答：'可是亲爱的戴尔，我们是宴会上的客人，为什么要证明他错了？那样会使他喜欢你吗？他并没有征求你的意见，为什么不保留他的脸面？'"

卡耐基用他自己的亲身经历告诫我们：人生，需要在无关紧要的地方装糊涂。一些无关紧要的小错误，放过去，无伤大雅，那就没有必要去纠正。这样不但能保全对方的面子，维持正常的谈话气氛，还能使你有意外的收获——在对方和在场的人的心目中建立良好的印象。做人不能太较真，认死理。太认真了，就会对什么都看不惯，连一个朋友都容不下，把自己同社会隔绝开。

古人云："水至清则无鱼，人至察则无徒。"这其中所蕴含的道理正是人们为人处世所需要的真理。从生态学角度分析，食物链中，大鱼需要吃小鱼，小鱼需要吃更小的动物，最小的水生物需要吃水藻，而水藻类的微生物存在是不会让水非常清的，也就是说如果水非常清了，就没有水藻，就没有食物喂养上级食物链的鱼。与之类似，从社会学角度分析：不能追究你身边的每一个人是不是在你身前身后，做的所有事，都是对你有利的，每个人都会不同程度，有意的或无意的，伤害到你身边的人甚至是朋友，这其实是人之常情。

做人要有容人之心，要能容人所不能容，忍人所不能忍，团结大多数人。豁达而不拘小节，大处着眼而不会目光如豆，不斤斤计较，不纠缠于非原则的琐事，这样才能成大事、立大业，使自己成为不平凡的伟人。

我们在日常生活中，会发生许多的小错误，有的是在称呼上，如将经理称为科长，将小姐称为太太、夫人，甚至连姓氏有时也会搞错。有的是在谈话所表述的内容上，把"第二次世界大战"说成是"第一次世界大战""莫泊桑"说成了"巴尔扎克"等，诸如此类与谈话主题没有多大关系的小错误，发生在谈话者之间，你就没有必要去纠正它，视而不见、听而不闻好了。

在这个大千世界里，每个人的生活方式都是不一样的，别人不可能按照自己的想法来思考问题，这样不可避免地就产生冲突和矛盾。有的人会在冲突面前暴躁，甚至失去理智，而懂得包容的人则会头脑清醒、心平气和。

平心静气，巧避锋芒，就是教我们要正视矛盾，认识现实。同时又要对现实持乐观豁达的态度，这样做，就可以容纳别人和自己不一样的观点，面对争执能够进行自控。

唐太宗李世民重用魏征，以人为镜，开创了贞观年间的太平盛世，被称为善于纳谏的典范。但是魏征的直谏有时也让他很难堪。一次，唐太宗要去郊外狩猎，魏征进言道："眼下时值仲春，万物萌生，禽兽哺幼，不宜狩猎，还请陛下返宫。"唐太宗兴趣正浓，坚持出游。魏征就站在路中央，坚决拦住去路。

唐太宗怒气冲冲地返回宫中，见到皇后长孙氏，义愤填膺地说："一定要杀掉魏征这个老顽固，才能解我心头之恨！"皇后柔声问明了缘由，也不说什么，只悄悄地回到内室穿戴上礼服，然后庄重地来到唐太宗面前，叩首即拜，口中直称："恭祝陛下！"唐太宗惊奇地问："何事如此慎重？"皇后回答："妾闻主明才有臣直，今魏征言直，由此可见陛下之明，妾故恭祝陛下。"唐太宗转怒为喜，这才打消了给魏征治罪的念头，冷静下来认真地分析了魏征的进谏观点。

人在社会中生活，总会接触到各种各样的人、各种各样的事，可能会遭遇一些不公正的待遇，可能会与他人发生误会。一些无关紧要的小错误，放过去无伤大局，那就没有必要去纠正它。人们常说："凡事不能不认真，凡事不能太认真。"一件事情是否该认真，要视场合而定。退一步海阔天空，换个思维想一想，一切就都迎刃而解了。

　　我们要学会包容那些意见跟我们不同的人，这样，日子就会变得很轻松。如果我们一心想让对方服从我们，不仅会得到相反效果，还会让我们自己也很痛苦。我们要学学怎样去包容对方。当然，要真正做到不认真、能容人，也不是简单的事，需要有良好的修养，需要善解人意，需要从对方的角度设身处地的思考和处理问题，多一些体谅和理解，就会从一些宽容，多一些和谐。

　　包容是理解和沟通的桥梁。不懂得包容别人的不同观点，拒人于千里之外的人，常常处于孤立和被动的地位。包容是一种真诚和心境，而不仅仅是一种姿态、一种形式，更不是一块敲门砖。能够容纳别人的人必须拥有一定的修养，必须拥有大无畏般的勇气。

　　人生如此短暂和宝贵，要做的事情那么多，何必为这种不值一提的小事情浪费时间和精力呢？真正聪明的人，知道该干什么和不该干什么，知道什么事情应该认真，什么事情需要忍耐。要真正做到这一点是很不容易的，需要经过长期的修炼。如果我们明确了哪些事情可以不认真，可以敷衍了事，我们就能腾出时间和精力，全力以赴地去做该做的事，我们成功的机会和希望就会大大增加；与此同时，由于我们变得宽宏大量，人们就会乐于同我们交往，我们的朋友就会越来越多。

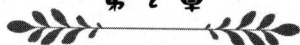

# 第 2 章

不去抱怨，适可而止

# 隐得巧，才更加稳健

在人生的道路上，人要懂得掩饰自己的才能、隐藏自身的光芒，无论取得多么大的成绩都不要炫耀，要知道树大招风，必有后患。

俗话说："花无百日红，人无千日好。"越是功勋显赫、权高位重的人，越要懂得居功不自傲、得意莫忘形的道理。

那些"只进不退，见好不收"最后惨遭不幸的人，在我国古代历史上并不少见，因为他们心中始终贪念着名利和名利带来的自我满足。可见，居功不自傲是多么的不容易。

郭子仪是唐朝的名将，对恢复大唐江山有汗马功劳。唐王封郭子仪为汾阳王，汾阳王府自落成后，每天都是府门大开，任凭人们自由地进进出出，而郭子仪也不允许他府中的人对此进行干涉。

一天，郭子仪帐下的一名将官要调到外地任职，来王府辞行。他知道郭子仪府中百无禁忌，就一直走进了内宅。恰巧，他看见郭子仪的夫人和他的爱女正在梳妆打扮，而郭子仪正在一旁侍奉她们，她们一会儿要王爷递毛巾，一会儿要他去端水，使唤王爷就好像奴仆一样。这位将官当时不敢讥笑郭子仪，回家后，他禁不住讲给他的家人听。于是一传十，十传百，没几天，整个京城的人都把这件事当成笑话来谈论。

郭子仪的几个儿子听了觉得很丢面子，他们决定对父亲提出建议：像别的王府一样，关起大门，不让闲杂人等出入。郭子仪听到后哈哈大笑，几个儿子却哭着跪下来求他，郭子仪对他的儿子们语重心长地说："我敞开府门，任人进出，不是为了追求浮名虚誉，而是为了自保，为了保全我们全家人的性命。"儿子们感到十分惊讶，忙问其中的道理。

郭子仪叹了一口气，说道："你们光看到郭家显赫的声势，而没有看到这声势有丧失的危险。我爵封汾阳王，往前走，再没有更大的富贵可求了。月盈而蚀，盛极而衰，这是必然的道理。如果我们紧闭大门，不与外面来往，只要有一个人与我郭家结下仇怨，诬陷我们对朝廷怀有二心，就必然会有专门落井下石、陷害贤能的小人从中添油加醋，制造冤案。那时，我们郭家的九族老小都要死无葬身之地了。"

郭子仪没有因为得势而居功自傲，没有因自己"一人之下、万人之上"而将所有的名利都归给自己。这种处世的方式，使得郭子仪避免了"树大招风"的危险。

任何事物都不是只有一面，得意与失意也是一个事物的两面，是分不开的。得意也好，失意也罢，很可能是一念之差。懂得这个道理的人，才不会因为自己的成功而嚣张，旁若无人，也不会因为自己的崇高身份而狂妄，傲视他人。

得意莫忘形，居功不自傲，带给人的是冷静、是平安。

大智若愚，实乃养晦之术："大智若愚"，重在一个"若"字，"若"设计了巨大的假象与骗局，掩饰了真实的野心、权欲、才华、声望、感情。这种甘为愚钝、甘当弱者的低调做人术，实际上是睿智的隐蔽，它鼓励人们不求争先、不显真相，让自己明明白白过一生。

平和待人留余地："道有道法，行有行规"，做人也不例外，用平和的心态去待人处事，也是符合客观要求的，因为低调做人才是跨进成功之门的钥匙。

羽翼未丰时，要懂得让步。低调做人，往往是赢取对手的资助、最后不断走向强盛、伸展势力再反过来使对手屈服的一条有用的妙计。在"愚"中等待时机：大智若愚，可以将有为示无为。

　　其实主动吃亏是风度。若一个人处处不肯吃亏，则处处必想占便宜，于是，妄想日生，骄心日盛。而一个人一旦有了骄狂的态势，难免会侵害别人的利益，于是便起纷争，在四面楚歌之中，又焉有不败之理？时机未成熟时，要挺住。

　　成就大业，就得分清轻重缓急，大小远近，该舍的就得忍痛割爱，该忍的就得从长计议，从而实现理想，成就大事，创建大业。

# 不抱怨，你的人生才不会尴尬

抱怨是什么？抱怨就像烟头烫伤破气球一样，让别人和自己都泄气。如果把人生比作行走的路，那么抱怨相当于赤脚在石子上走路，而乐观是一双结结实实的靴子。抱怨的人以为自己经历了世上最大的困难，却不知道听他抱怨的人也经历过这些，但是感受不同。

抱怨不同于坦然承认自己的失败。敢于承认失败的人，会赢得别人的尊重。而抱怨，是明明失败却把伤口装扮成花朵一般的庸人。人们本来容易同情弱者，由于抱怨的人气急败坏，反而会得不到别人的同情。

抱怨的人在抱怨后，心情会变得更糟，怀里的石头不但没减少，反而增多了。常言道，放下就是快乐，包括放下抱怨，因为它是心里很重但又无价值的东西。

人们往往倾心于那些乐观的人，实际上是倾心于他们表现出来的超然。生活需要的信心、勇气和信仰，乐观的人都具备。他们在自己获益的同时，又感染着别人。乐观包括豁达、坚韧，让人觉得困难从来都不是生活的障碍，而是勇气的陪衬。和乐观的人在一起，自己也会得到乐观。

有一位美丽的妇人，带着她半生的积蓄，来到了一座大城市，准备在那儿开一家美容院，平平安安地过一生，谁料到，当她准备下火车的时候，钱却被小偷偷走了！她站在那里一下子就呆了！可过了一会儿，她又想到：只不过是丢了钱而已，我并没有丢失我所有的一切啊！我还有朋友，还有家人，抱怨只会让自己的面容更加苍老而已！

后来，那位美丽的妇人终于借钱开了一家美容院，而且生意越来越火。因为人们相信，有这么美丽容颜的女人，她的技术肯定一流。最后，那个女人成了百万富翁。

瞧！多么豁达、聪明的女人！她懂得抱怨是于事无补的。其实，在你的生活中，只要像那位妇人一样，你也就成功了，因为你没有失去全部。想一想，这世界上还有那么多比我们更加困难、更加可怜的人们，他们不是照样活得好好的？

所以，我们的思想要乐观，要乐观地去面对每一天，你真的就成功了！许多人都抱怨过处境的艰难，发现无济于事之后便缄口了。抱怨相当于赤脚在石子上走路，并不会解决问题，只会让你处于尴尬的位置，而乐观是一双结结实实的靴子。让你心平气和地去观察问题并加以解决，处理问题的结果当然会比抱怨更好。

尼克松在担任美国总统之后，基辛格曾抱怨不公平，并讥讽尼克松"根本没能力治理好美国"。但是，他的这些行为并没有影响到尼克松总统对他的重用，尼克松仍聘任他担任国家的安全助理。对于尼克松的这种低调处理姿态，基辛格深为感动，并决定倾其全力帮助尼克松总统。后来，基辛格以其渊博的知识、独到的见解、过人的胆识纵横国际政坛，成为驰名国际的外交家。而尼克松总统以其宽宏大量的胸襟，不仅成就了自己的伟大事业，也为世人留下了宽容的风范。

正如跳高、跳远，要退到后面很远的地方，起跳时才会有强的冲击力。生活也是如此，退后一步，就是为了更好地前进。忍一时的不冷静，对人对己都有好处。当不愉快的事情发生后，退一步想，就会海阔天空。在实际生活中，不管你多么有能耐，多么无情，总是有人比你更有能耐，更加无情。抱怨世界不公，拼个鱼死网破，倒不如后退几步，另求他路。

一天上午，一位美国人突然气势汹汹地闯进上海某饭店的经理室抱怨道：

"你就是经理吗？我刚才在大门口滑倒摔伤了腰。地板这么滑，连个防滑措施都没有，太危险了。你马上领我到医务室去。"

见此情形，经理并没有因为这位不速之客的抱怨而生气，反而很客气地说："这实在抱歉得很，腰部不要紧吧？马上就领您到医务室，请您稍坐一下。"

美国人坐在椅子上，继续抱怨不停。饭店经理见对方已经镇定下来，便温和地说："请您换上这双鞋，已和医务室联系好了，现在我就领您去。"

早在美国人闯进来时，经理已经看清他的腰部没有多大问题。所以，当美国人离开经理室后，经理就把换下的鞋悄悄交给一名服务员说："这双鞋后跟已经磨薄了，在我们从医务室回来以前把它送到楼下修鞋处换上橡胶后跟。"

检查结果果如所料，未发现任何异常，那个美国人也完全冷静下来，随后一同回到经理室。经理说："没什么异常比什么都好，这就放心了。请喝杯茶吧！"

这时美国人也感到自己方才太冒失了："地板太滑，太危险，我只是想让你们注意一下，别无他意。"

经理说："很冒昧，我们擅自修理了您的鞋，据鞋匠说，是后跟磨薄才导致打滑的。"

这位美国人接过刚刚修好的鞋，看到正合适橡胶鞋跟时，对修鞋者高超的技巧大为惊讶，便高兴地说道："经理，实在谢谢您的厚意，对您给予的关怀照顾我是不会忘记的。"于是，在愉快地握手后，美国人再次向经理道谢，之后走出经理室。经理送他出门时说："请您将这件滑倒的事忘掉吧，欢迎您再来！"美国人频频道谢，然后消失在人群中。从此，只要这个美国人到上海，必定住进这个饭店并到经理室致意。

这位美国人最后之所以能够满意而去，就在于这位经理能够在抱怨面前保持理智，顺着对方的意见，并用柔和的语言和切实的行动把这位美国人的怨气化解于无形之中，从而制止了事态的扩大。

　　当我们在生活中遇到不顺心的事，抱怨只会让你处于一个尴尬的位置，不会解决任何问题。解决问题的方法应该是心平气和地去观察问题的缘由并加以解决。所以，当我们在遇到问题时，应该试着退后一步，不要抱怨环境，要学会改变心态，我们要知道，挫折与苦难都是一种经历，都会让我们得到成长，学会坚强。

# 越抱怨，越消极殆慢

在日常生活中，人们常常会碰到一些引起抱怨的事情：当你几经奔波，终于找到了一份工作，可以放手大干充分施展你的聪明才智的时候，却突然发现，你的工资比别人少了几十元；当你领导的一项改革计划被社会实践证明是有益的，而且正在节节推进的时候，却突然听到人群里有几声闲言碎语；当你和你的爱人携手建起了美好家园，甜甜蜜蜜共度人生的时候，你们之间发生了一点小小的龃龉……于是，有人为那几十元而耿耿于怀、抱怨不已，甚至想到消极怠工或辞职不干；有人放下了该干的事情把精力用去抱怨闲言碎语；有人为一点小小的龃龉而抱怨不断，甚至越闹越大……

一位勇者发誓要排除万难攀登一座高峰。在众人期待的目光中，他出发了。然而，他却于中途放弃了。出人意料的是，使他放弃的原因只是鞋中的一粒沙。

在长途跋涉中，恶劣的气候没有使他退缩，陡峭的山势没能阻碍他前行，难耐的孤寂没有动摇他坚定的信念，疲惫与饥寒没有使他畏惧。但不知何时他的鞋里落入一粒沙，起初他并没在意，他原本有时间和机会把那粒沙从鞋里倒出来，可是在我们的勇士眼中，它实在是太微不足道了。

的确，比起勇士所遇到的其他困难来说，那粒沙的存在简直可以忽略不计。然而，越走下去那粒沙越是磨脚，终于每走一步都伴随着锥心刺骨的疼痛，他终于意识到这粒沙的危害。他停下脚步，准备清除沙粒，但是却惊异地发现，脚已经被磨出了血泡，沙被清除出去了，可是伤口却因感染而化脓。最后，除了放弃他别无选择。

这粒沙就如同我们的抱怨，它看似渺小，却一直在慢慢地侵蚀我们的心灵。我们总会替勇士的遭遇惋惜，然而就在我们惋惜的同时，我们更应该做的是不要重蹈覆辙。不要轻视我们心中的抱怨，你越抱怨，你的生活就越糟糕。

不过，如果你不采取正确的发泄方法，而是跟自己的抱怨斤斤计较，并不断地任由抱怨控制自己的行动，那么，你的一时冲动也有可能会造成终生的悔恨。

有一天，德国著名的化学家弗因德里希由于头疼难忍，产生了很多抱怨的情绪。他拿起一位不知名的青年寄来的稿件粗粗看了一下，觉得满纸都是奇谈怪论，就顺手把这篇论文丢进了废纸篓。几天以后，他的头痛好了，情绪也好很多了，那篇论文中的一些奇谈怪论又在他的脑海中闪现。于是，他急忙从废纸篓里把它拣出来重读一遍，结果发现这篇论文很有科学价值。他马上写信给一家科学杂志社，加以推荐。这篇论文发表后轰动了学术界，该论文的作者后来获得了诺贝尔奖。

可以想象，如果弗因德里希的情绪没有很快好转，那篇闪光的科学论文的命运就将在废纸篓里结束了。所以，自己要聪明些，就要学会控制自己的抱怨。

生活中的一些小事往往会引起你的抱怨，比如当你带着孩子及他们的两个朋友回家时，所有的孩子都饿了，而你还没有时间清理上一餐的残局，这时电话铃响了，门铃也响了。在这一小段时间你觉得自己快疯掉了，你准备抓狂了，此时如果你深呼吸一下，自己的抱怨便会马上走掉。实际上，在那样的混乱当中，你所能做的只是自动投降，放松心情。而当你放松心情，不再作无谓的挣扎时，所有的事都会开始变得很顺。那样，你会很惊讶自己得到的结果。你越心平气和，生活就会越顺利。你不会再为做错的事争论，引发别人心中的恶感，而且在事情有更进一步的改善之前，你也不会再唠叨不休。

小满经常说的一句话就是，早知道当初，现在我就不是这般光景了。他有段日子手里有闲钱，但因为想着做其他投资，于是就没买房，当现在房价飙升了，他才赶快去买。可好不容易摇了号买了心仪已久的房子后，他不仅不开心，反而觉得自己亏了。因为他总想着，如果他早一步买，花的钱要整整少三分之一。

他从上一家公司跳槽出来时，那家公司濒临倒闭，那时候他庆幸自己在领了最后一个月薪水后果断选择了离职。可如今那家公司居然东山再起，相同工作岗位的待遇是他如今的好几倍，于是他又后悔当初不应该那么着急走。

而他如今的妻子，是他大学时的同学，当时妻子虽然样貌身材都很普通，但彼此有感情，也决心共同奋斗。可这几年，他遇到了初恋女友，回家就抱怨自己的妻子人老珠黄，心想着当初为什么非要跟她结婚。大概很多人都会有这样的感觉吧，无论做什么选择，总是会后悔。因为后悔，就会不停地抱怨自己，而越抱怨，就会感觉自己的生活越不顺利，变得消极殆慢。

如果你想抱怨，生活中一切都会成为你抱怨的对象；如果你不抱怨，生活中的一切都会变得美好起来。一味地抱怨不但于事无补，有时还会使事情变得更糟。所以，不管现实怎样，你都不应该抱怨，而要靠自己的努力来改变爱抱怨的心态。你从现在开始要记住：不要抱怨别人，不要抱怨环境；你无法改变环境，就改变自己；你改变不了过去，就努力改变未来。

# 如果让抱怨变成毒素就不好了

你常有这样的感受吗？只要遇到一件倒霉事，一系列的倒霉事都会接踵而至，你一整天的心情都会被搞得乱七八糟。实际上，管理情绪的诀窍就在于不要让这种坏情绪堆积起来。而抱怨就像毒素，累积得越多，毒性就越大，也许刚开始毒不死"蚂蚁"，可是到后来它能轻而易举地毒死"大象"。

我们先来看看张凯一天的遭遇：

早晨：张凯最烦下雨了，刚上了油的皮鞋会沾水，裤腿也会带上泥巴；穿西裤吧，刚买的名牌，舍不得在雨里蹚；穿休闲裤吧，显得太不正式。像这种毛毛雨，又懒得打伞，坐出租车却还要排队。接女朋友也不方便，晚去一会儿，温悦就会噘起嘴巴，然后几天不理他。张凯躲在被窝里闹了一会儿心，抱怨天气糟糕透了！再一看表，慌了。

上班途中：公车站牌下雨伞林立，伞下一张张脸翘首以待。张凯看看自己的名牌西服，决定坐出租车。好不容易一辆空车过来，立刻有人蜂拥而上。如是三番，张凯开始抱怨自己没有车。终于上车了，刚一落座，猛然感到一股凉意，扭身一看：喂，你这车上怎么有水啊！司机回头：下雨天能没有水吗？也不能有这么多啊！可能是刚才的乘客把伞放在车座上了吧。

张凯憋了一肚子火，抱怨着：早知道还不如坐公车，白白糟蹋了我的新西裤。要怪只能怪这鬼天气。坐你的车就怪你！张凯拿纸巾去蘸屁股上的水，湿漉漉的纸巾立刻"粉身碎骨"，张凯甩着手，碎纸屑黏着手不肯掉。真倒霉，别人

45

放在车座上，我哪看得见……张凯和司机抱怨了一路，窝了一肚子火，车一到站赶紧埋单下车。走到办公室才发现，司机没找零！坐了一屁股水，还白送了司机 10 块钱。张凯那个气呀！

办公室：刚进办公室，同事就通知张凯，企划方案没通过，退回修改。那可是张凯熬夜后的心血，全企划室，也只有张凯能拿得出这种像样的方案来，再修改，说得轻巧！不改！张凯心里又委屈又气愤，决定搁到一边等头儿来找他。可是等了一天，头儿也没来。

下班：雨依然淅淅沥沥，天依然阴着，张凯依然打不起精神来。突然想起下午忘了给温悦打电话，他们约好下午打电话然后决定晚上到哪里吃饭。一看表，6 点了，赶紧打电话过去，办公室没人听，估计温悦早下班了。打她手机，半天才接，传来温悦尖厉的声音："你脑袋被门夹啦？现在才睡醒？我已经跟别人约了！"啪，挂了电话。都怪这鬼天气！张凯半天没回过神来。

瞧，抱怨情绪就是这样堆积起来的。当你遇到一件倒霉事，坏心情就上了身，如果没有及时地解决，又带着坏心情去处理其他的事情，自然会起连锁反应。心理学家研究表明，当一个人处于坏情绪之中时，下丘脑就会分泌出一种叫"多巴胺"的物质，这位"多先生"会让你的情绪越来越抑郁；当一个人高兴的时候，下丘脑就会分泌出一种叫"去甲肾上腺素"的物质，而这位"去先生"会让你的心情越来越舒畅。

因此，心理学家建议：当坏情绪刚刚冒头时，就立刻把它消灭掉，千万不要让抱怨的坏情绪堆积起来，不要让你的心情在"多先生"的感染中越来越糟。这就好比一路走一路丢掉身上的包袱，你会越走越轻松。

现在，让我们全面解析张凯的情绪，帮他丢一丢身上的包袱。你会发现，是要"多先生"还是"去先生"，关键看自己的选择。

早晨：谁说阴雨天会带来坏心情？张凯已经有了一个思维定式——下雨：坏心情，按照这样的路线走下去，心情能好得起来吗？这在心理学上叫"暗示"。张凯不断地暗示自己，只要下雨，自己就会倒霉。好像失眠的人总说自己好失眠一样，所以总是失眠。张凯可以去做一个调查：还有很多人特别喜欢下雨呢！下雨，可以听着雨打玻璃的声音安然入睡；下雨滤掉了马路上的灰尘、噪声，让空气清新起来；下雨，可以讨好女朋友给她送伞，和她共打一把伞，在雨中漫步，然后趁机搂住她的肩……换个角度看问题，阴雨天也会有晴朗的心情。

上班途中：不就是坐了一屁股水吗，庆幸的是没坐一个烟头、一摊油。

办公室：别人都不会做，唯独你会做，这不正好证明你比别人强？重要的方案不可能一次通过，退回来修改，又不是从头再来。积极的做法是，站起来，主动去敲头儿的门，问问清楚，究竟是哪些地方欠缺，怎样修改。主动和上司沟通，会让你心情舒畅、信心十足。

下班：一天的疙瘩全解开，也不会忘记女朋友的约会；即使忘记了也不要紧，再打一个电话过去，潇洒地告诉她："我马上过去埋单！"不把她乐死才怪！

抱怨情绪并非是不可化解的，关键在于你要在它刚出现苗头时就将它们扼杀在摇篮里，不要等它们暗暗堆积，最后形成一股巨大的力量一起向你攻来，那时，即便你想反抗，也为之晚也！所以，请尽早地解决这些抱怨，不要让它们堆积成山。

美国名人之一毕林斯先生，曾任全美煤气公司总经理达 30 年之久。他在任职总经理期间，给人留下最深刻的印象就是，他对于许多小事常常会抱怨而大发脾气，对于那些重大事情却反而镇定异常。

有一次，毕林斯乘车回家，下车时，把一盒雪茄遗落在车里了，不久他记起来，于是立刻反身去找，但雪茄早已不见。这包雪茄的价值，不过是 5 美分，对他而言真可算是微乎其微的损失。但他竟因此而气得面红耳赤、暴跳如雷，以致旁观者都以为他失去的是一件什么价值珍贵的宝物。

后来有一次，毕林斯凭空遭遇了 3 万美元的损失，但他却反而镇定得若无其事。

那是全世界闹着经济恐慌的年代，毕林斯先生因为卧病在床，有好几天没有去公司办公。就在这几天里，有一家银行倒闭了，他凑巧在这家银行里有 3

万美元的存款，结果竟成了"呆账"。等到他病愈后，听到这个消息，却只伸手搔了搔头发，然后沉思了一会儿，便说："算了，算了。"

实际上，遇到一些感觉不快的小事时，尽管发泄你的抱怨声，直到你的心境完全恢复平静为止。因为这样可以使你永远保持开朗镇定的情绪，使你一旦遇到大事发生，就可以用全副精神从容地应付。否则，不论事情大小，遇到令人恼火的事便积在心里，等到面临更大的打击时，你堆积多时的大小怒火，便如气球爆裂一样，冲破了理智的范围，使你变得毫无自制。除了将抱怨的怒火转移到小事上，你还可以将抱怨转移到其他方面，甚至转化成好心情。

杰瑞太太正在教她5岁的儿子劳斯使用剪草机，母子俩剪得正高兴时，家里的电话铃响了，母亲进去接电话。不一会儿，杰瑞太太出来后看到一幕惨剧：劳斯把剪草机推向她最心爱的郁金香花园，不一会儿，已经有两米长的花圃被剪掉了。

杰瑞太太看到这一切，青了脸。眼看她的巴掌已经高高地举起……忽然，杰瑞太太的丈夫迪尼也出来了，他看见满地狼藉的花圃，马上明白发生了什么事。迪尼小声、温柔地对太太笑道："亲爱的，我们现在最大的幸福是养孩子，不是在养郁金香，你说对吗？"两秒钟后，他们交换了一个微笑，一切归于平静。

事实上，转移抱怨的怒火只是轻而易举的事，你可以轻轻松松地做到，只要你有这样的积极态度和对生活的细心体验，你就不难发现转移抱怨的方法，并将它轻松地付诸实践。

# 把欲望控制在一定限度内，别让自己抱怨

　　经常听到很多人抱怨老天对他不公平，本来应该属于自己的却得不到。其实，人生在世，贵在懂得知足常乐，拥有一颗豁达开朗平淡的心。知足者，可以在身处逆境时坦然处之，可以在身处顺境时不骄不躁，当然就会少了抱怨。

　　我们随时会看到辛苦、活得没有意义、像骆驼一样负担沉重的人们。单是生活，已经使他们疲于奔命，但他们仍然可以把希望放在明天或将来不知哪一天。他们只单纯地希望，有一天自己可以不这样劳累，就于愿已足。

　　每当一个人最起码的愿望满足之后，他必定还要有第二个愿望；而且将来还会接着有更多更大的愿望。没有一个人认为他自己的生活中已经不再缺少什么，尽管假如他退居一个恶劣的生活环境中时，他会向往或怀念这种生活；但在他自己置身在值得满意或甚至于值得艳羡的生活中的时候，他总还是觉得贫乏和不如意。

　　当然，往好的方面说，由于人们时常不满意自己的现状，才会拿出更多的智力和体力，求得更大的进步，我们才会有更多的创造与发明。但是，往坏的方面说，一个人如果只是消极地对生活不满意，消极地厌倦和抱怨，那就只能说是一种对自己幸运的忘恩负义。因为无论我们是不是认为自己已经够苦，总还有那些比我们活得更辛苦，甚至看来更没有希望的人们，而他们却在认真地抱着希望地活着。在他们心里想，如果他们有一天能达到我们现在所过的生活，他们一定要用最大的虔诚去感谢他们所信的不论是什么神。他们一定会觉得心

满意足，不再会有任何奢望苛求了。

有一个樵夫，每天上山砍柴，日复一日，过着平凡的日子。有一天，樵夫跟平常一样上山砍柴，在路上捡到一只受伤的银鸟，银鸟全身包裹着闪闪发光的银色羽毛，樵夫欣喜说："啊！我一辈子从来没有看过这么漂亮的鸟！"于是把银鸟带回家，专心替银鸟疗伤。

在疗伤的日子里，银鸟每天唱歌给樵夫听，樵夫过着快乐的日子。有一天，邻人看到樵夫的银鸟，告诉樵夫他看过金鸟，"金鸟比银鸟漂亮上千倍，而且，歌也唱得比银鸟更好听"。樵夫想，原来还有金鸟啊！

从此樵夫每天只想着金鸟，也不再仔细聆听银鸟清脆的歌声，日子越来越不快乐。有一天，樵夫坐在门外，望着金黄的夕阳，想着金鸟到底有多美，此时，银鸟的伤康复，准备离去。

银鸟飞到樵夫的身旁，最后一次唱歌给樵夫听，樵夫听完，只是很感慨地说："你的歌声虽然好听，但是比不上金鸟的动人；你的羽毛虽然很漂亮，但是比不上金鸟的美丽。"银鸟唱完歌，在樵夫身旁绕了三圈告别，向金黄的夕阳飞去。

樵夫望着银鸟，突然发现银鸟在夕阳的照射下，变成了美丽的金鸟，他梦寐以求的金鸟，就在那里。只是，银鸟已经飞走了，飞得远远的，再也不会回来。

人常常在不知不觉之中成了樵夫，自己却不知道：原来金鸟就在自己身边。"不知足"几乎成了一种现代病。古人"采菊东篱下，悠然见南山"的怡然心境无处可寻，"乐天知命，故不忧"的心境被物欲冲击得支离破碎。不管是低保户，还是月薪数千元的白领，说起自己的日子，都有一百个不满意，比比别人的生活，总感觉任重而道远。不少人暗自发问，现代人到底怎么了？多少钱才能买来"知足常乐"的心态？

每一个人都不免有时厌倦、烦闷和不满足。每逢这种时候，就是我们把自己设想到一个更没希望，更辛苦，更困难的境地的时候。幸福是需要比较的，它没有止境，没有标准，而只是看你对它的认识如何，及看你对它怎样解释而已。古人说："布衣得暖胜衣锦，粗茶淡饭亦清甜。"无病无痛便是福，温饱无灾便是福，平平安安便是福，宁宁静静便是福。显然，说这话的人，已经从滚滚红尘中超然淡出，他活得很从容。

清代大思想家王夫之有个"六然"养生诀，其中第一"然"叫"自处超然"，是说自我感觉要超逸洒脱，这是人生的至高境界。这位老人，能从平凡的生活中去深刻感受发自内心的快乐，从而便有了怡然自乐乐无穷的心境。不管古代还是现代，不管西方还是东方，快乐的本源是一样的。

曾有这样一个故事，有一个国王，他拥有至高无上的权力，挥霍不尽的金钱，宝马香车，红粉佳人，可他却觉得自己不幸福。后来，他听说世上有一种幸福外套，无论谁穿上它都会幸福无比。国王就下决心要得到它，他走了很多地方也没有找到。这天，他来到一处村庄，就上前问道："你这么快乐，一定是拥有幸福外套的人了？""幸福外套？"农人嘲弄似的说："就算给你，你也一定穿不上。""为什么？""因为你是一个贪婪的人，披的是欲望的衬衫，它一个劲儿地向外膨胀，你又怎能穿得上别的衣裳呢？"只有扔掉欲望的衬衫，才能得到幸福的外套。

人总是这样，很多时候，我们不知道自己想要什么，漂亮了还想更漂亮，钱多了还想更多些，得到了还想得到更多，人的劣根性导致在永不"知止"的底线上挣扎，尽管很辛苦，但却欲罢不能，所以幸福一直可望而不可即。

人人皆有欲，有欲需有度，如果人人都把自己的欲望控制在别人能容忍的范畴里，这世界不是从此变得更美好更绚丽？

# 必须从自卑的困境走出

自卑感是一种不能自助和软弱的复杂情感。有自卑感的人轻视自己，认为无法赶上别人，是一种很可怕的情绪。它会让一个人无精打采，对生活失去信心。这种情绪会严重影响一个人的生活，学习和工作。

在我们有所决定、有所取舍的时候，自卑向我们勒索着勇气与胆略；当我们碰到困难的时候，自卑会站在背后大声地吓唬我们；当我们要大踏步向前迈进的时候，自卑会拉住我们的衣袖，告诉我们前面危机重重，仅凭一己之力根本无法应对。自卑就像蛀虫一样啃噬着我们的心，它是我们走向成功的绊脚石，它是快乐生活的拦路虎。可是，我们不能一直活在自卑的阴影中。恢复你的自信，你也可以像世界名模一样走路。

他是英国一位年轻的建筑设计师，很幸运地被邀请参加了市政府大厅的设计。他运用工程力学的知识，很巧妙地设计了只用一根柱子支撑大厅天顶的方案。一年后，市政府请权威人士进行验收时，对他设计的一根支柱提出了异议。他们认为，用一根柱子支撑天花板太危险了，要求他再多加几根柱子。

年轻的设计师十分自信，他说："只要用一根柱子便足以保证大厅的稳固。"他通过计算和列举相关实例详细说明，拒绝了工程验收专家们的建议。

他的固执惹恼了市政官员，年轻的设计师险些因此被送上法庭。

在万不得已的情况下，他只好在大厅四周增加了四根柱子。不过，这四根柱子全部都没有接触天花板，其间相隔了无法察觉的两毫米。时光如梭，岁月更迭，一晃就是 300 年。

300 年的时间里，市政官员换了一批又一批，市政府大厅却坚固如初。直到 20 世纪后期，市政府准备修缮大厅的天花板时，才发现了这个秘密。

消息传出，世界各国的建筑师和游客慕名前来，观赏这几根神奇的柱子，并把这个市政大厅称作"嘲笑无知的建筑"。最让人称奇的是那位建筑师当年刻在中央圆柱顶端的一行字：自信和真理只需要一根支柱。

那位年轻的设计师就是克里斯托·莱伊恩，一个很陌生的名字。今天，能够找到的有关他的资料实在少之又少了，但在仅存的一点资料中，记录了他当时说过的一句话："我很自信。至少 100 年后，当你们面对这根柱子时，只能哑口无言，甚至瞠目结舌。我要说明的是，你们看到的不是什么奇迹，而是我对自信的一点坚持。"

10 年前，张越在北京的一所大学里上学。大部分日子，她也都在疑心、自卑中度过。她疑心同学们会在暗地里嘲笑她，嫌她肥胖的样子太难看。她不敢穿裙子，不敢上体育课。大学时期结束的时候，她差点儿毕不了业，不是因为功课太差，而是她不敢参加体育长跑测试！老师说："只要你跑了，不管多慢，都算你及格。"可她就是不跑。她想跟老师解释，她不是在抗拒，而是因为恐慌。恐惧自己肥胖的身体跑起步来一定非常的愚笨，一定会遭到同学们的嘲笑。可是，她连给老师解释的勇气也没有，茫然不知所措，只能傻乎乎地跟着老师走。老师回家做饭去了，她也跟着。最后老师烦了，勉强算她及格。

由于肥胖让张越产生了严重的自卑心理。自卑不仅使她失去了很多快乐时光，也给自己的心灵造成了很大的创伤。但是张越并没有被这压倒，通过自己不懈的努力，最终靠着出众的才学，给大家展示出了最棒的一面。最后她还成了央视一位著名的主持人。

自卑属于性格上的一个缺点。自卑者往往对自己的能力，品质等做出偏低的评价，总觉得自己不如人、悲观失望，丧失信心等。在社交中，具有自卑心理的人容易被孤立，并因为离群而抑制自信心和荣誉感。当他们受到周围人们的轻视、嘲笑或侮辱时，这种自卑心理会大大加强，甚至以嫉妒、自欺欺人的方式表现出来。自卑是一种消极的心理状态，是实现理想或某种愿望的巨大心理障碍。但是，自卑是可以通过自身努力来克服和战胜的。

张越就是靠着自己的努力，相信自己，谦虚做人。最终战胜了自卑心理。凭着自己的努力，张越最后做了中央电视台的著名节目主持人。而且她还是第一个完全依靠才气而丝毫没有凭借外貌走上中央电视台主持人岗位的一位成功女人。所以，做人就要相信自己，且不可有自卑心理，只要相信自己，你就是最棒的。

总是一味轻视自己，不敢相信自己的想法和决策。这种情绪一旦占据心头，就会腐蚀一个人的斗志，犹豫、忧郁、烦恼、焦虑也会随之而来。生命，有时候是一种恶性循环，你越是不相信自己，很多事情越做不好。陷入这样的漩涡里，你将就会丢了快乐，丢了幸福。

其实，世界上每一个事物、每一个人都有其优势，都有其存在的价值。自卑是一种没有必要的自我没落。具有自卑心理的人，总是过多地看重自己不利和消极的一面，而看不到有利、积极的一面，缺乏客观全面地分析事物的能力和信心。这就要求我们努力提高自己透过现象抓本质的能力，客观地分析对自己有利和不利的因素，尤其要看到自己的长处和潜力，而不是妄洋兴叹、妄自菲薄。

# 把理想中的完美，放到现实就惨了

人的一生其实和世上万事万物一样，绝对的完美是不可能的。每个生命都会有所欠缺，所以不必作太多的比较，只能用心地接受，并享受过程的美好。因为，我们尚能拥有生命。人生不必太圆满，有个缺口其实也没什么不好的；人也不必拥有全部的东西，当苦难来临时，才会显得更加的从容不迫，才能更坦然地体会到生命的美好。

有的人有美貌却得不到幸福，有的人有钱却失去了亲情和爱情，有的人有了智慧却失去了快乐，有的人得到了梦想却没有了健康。而我们在寻找生活的答案中黯然落泪。那些拥有荣誉的人却总说自己活得很累。我们每天都看到悲剧都在发生，尤其是天灾人祸，谁能预料自己的下一秒会发生什么？

我们的世界并不完美，我们的人生也是由无数的困苦组成的。物竞天择，未必强者生存。在这个讲究包装的社会里，每个生命都有欠缺，我们只有不断地调整自己的心态，不断改变自己，完善自己才能生存下去。一个生命是多么的渺小，即使消失了，地球也照样转动，我们只能珍惜生存的权利，而不必追求所谓的人生完美。

一位秀慧双修的女孩大学毕业后，拒绝了很多优秀男孩的追求，最后却选择了一个毫不起眼且个子矮小的同事。周围的许多人都觉得不可思议，就连她的闺中女友也很不理解。而她自己却很坦然，在众人疑惑的目光中，她披上婚纱与先生一起走进了"围城"。多年以后，当她的同学们都疲倦于营造自己的一隅、失望于当初幻想的破灭之时，众人才在同学聚会上发现：这位女孩并没有像他们原先所想的那样，被困在一个庸碌无为的圈子里，憔悴不堪；而依然光彩照人，甚至比以前还多了一份成熟的雍容和深刻。这位女士告诉大家，她的男人不是最优秀的，有着许多的缺点，但这些在她还没有接受他的时候就已知道；而她愿意，今生今世，将自己的感情托付给这个在她遇到挫折的时候默默地帮助她、在她失意的时候热情地鼓励她，并且从不索取任何回报的男人。

人生是没有完美可言的，完美只是在理想中存在。生活中处处都有遗憾，这才是真实的人生。因为追求不断那所谓的完美而苦恼，可能会留给我们更多的遗憾。

在《百喻经》中，有这样一则可笑而发人深省的故事。

有一位先生娶了一位体态婀娜、面貌娟秀的太太，两人恩恩爱爱，是人人称羡的神仙美眷。这位太太眉清目秀，性情温和，美中不足的是长了个酒糟鼻子，好像失职的艺术家对于一件原本足以称傲于世间的艺术精品，少雕刻了几刀，显得非常的突兀怪异。

这位丈夫对于太太的鼻子终日耿耿于怀。一日，他出外经商，行经贩卖奴隶的市场。在宽阔的广场上，四周人声沸腾，争相吆喝出价，抢购奴隶。广场中央站了一个身材单薄、清癯的女孩子，正以一双汪汪的泪眼，怯生生地环顾着这群如狼似虎，决定她一生命运的大男人。

这位丈夫仔细端详女孩子的容貌，突然间，他被深深地吸引住了。好极了！这个女孩子的脸上长着一个端端正正的鼻子，不计一切，买下她！

这位丈夫以高价买下了长着端正鼻子的女孩子，兴高采烈，带着女孩子日夜兼程赶回家门，想给心爱的妻子一个惊喜。到了家中，把女孩子安顿好之后，他用刀子割下了女孩子漂亮的鼻子，拿着血淋淋而温热的鼻子，大声疾呼：

"太太！快出来哟！看我给你买回来的最宝贵的礼物！"

"什么样贵重的礼物，让你如此大呼小叫的？"太太狐疑不解地应声走出来。

"喏！你看！我为你买了个端正美丽的鼻子，你戴上看看。"

丈夫说完，突然抽出怀中锋锐的利刃，一刀朝太太的酒糟鼻子砍去。霎时太太的鼻梁血流如注，酒糟鼻子掉落在地上，丈夫赶忙用双手把端正的鼻子嵌贴在伤口处。但是无论丈夫如何的努力，那个漂亮的鼻子始终无法粘在妻子的鼻梁上。

可怜的妻子，既得不到丈夫苦心买回来的端正而美丽的鼻子，又失掉了自己那虽然丑陋但却货真价实的酒糟鼻子，并且还受到无端的刀刃创痛。而那位糊涂丈夫的愚昧无知，更叫人可怜！

这个行为虽然让人觉得有些可笑，但是人们追求完美的心理，却与文中那个手拿利刃的丈夫如出一辙。有些人以为自己追求完美的心理是积极向上的表现，其实他们是在追求不完美中的完美，而这种完美，根本不存在。也就是说他们的这种追求如海市蜃楼，只是一个幻影而已。

俗话说："金无足赤，人无完人。"人生确实有许多不完美之处，每个人都会有这样那样的缺憾，真正完美的人是不存在的，即使是中国古代的四大美女，也有各自的不足之处。历史记载，西施的脚大，王昭君双肩仄削，貂蝉的耳垂太小，杨贵妃还患有狐臭。丰富多彩的世界是由无数种物质构成的。平静的湖水养不了鲜活的鱼，腐臭的肥料养着美丽的花，山珍海味不见得比五谷杂粮更利于健康。

在人生中，有一点点苦，有一点点甜，有一点点希望，也有一点点无奈，生活会更生动，更美满，更韵味悠长。适当的容纳一些不足，人生反而更真实，更美好。

# 何必为过去苦苦纠结

我们常常感觉自己很累，往往还会对生活有一种焦虑。是的，在竞争激烈的现代社会生活中，"生活太累了！"成为现代都市人的普遍感慨。其实，人要想活得轻松其实很不难，拥有一个幸福的人生其实也很简单，只要我们学会拥有"放下过去，不为昨天困苦买单"的心态。

然而，当一件不好的事情发生时，我们总习惯叹息到"假如当初……"。其实，"假如当初"这种想法一开始就是个错误，因为，凡事没有绝对的对或错。假如我们选择了一条路，就无法确定如果选另一条路的结果会如何；假如当初我们做的是另外一个决定，那样或许就会更好吗？不，没有什么是绝对的。想过吗？当我们说"早知道"的时候，就表示之前并不知道。既然是不知道，又能怎么样选择？人又怎么对一件根本不知道的事做判断？

既然我们不是先知，无法预知下一时刻将要发生的事情。那么，我们的人生就不免会有很多遗憾，会有困苦。虽然困难和困苦是无法避免的，但我们却可以决定自己要受苦多久。既然如此，既然决定权在自己，为什么我们总要让自己苦上个十天半个月，甚至好多年还不肯"放下"呢？忘记过去的成功与失败，给自己一个全新的开始，我们便会从未来的朝阳里看见另一处成功的契机。

有个泰国企业家，他把所有的积蓄和银行贷款全部投资在曼谷郊外一个备有高尔夫球场的 15 幢别墅里。但没想到，别墅刚刚盖好时，时运不济的他却遇上了亚洲金融风暴，别墅一间也没有卖出去，连贷款也无法还清。企业

58

家只好眼睁睁地看着别墅被银行查封拍卖，甚至连自己安身的居所也被拿去抵押还债了。

情绪低落的企业家，完全失去斗志，他怎么也没料到，从未失手过的自己，居然会陷入如此困境。他承受不起此番沉重的打击，在他眼里，只能看到现在的失败。

有一天，吃早餐时，他觉得太太做的三明治味道非常不错。忽然，他灵光一闪，与其这样落魄下去，不如振作起来，从卖三明治重新开始。

当他向太太提议从头开始时，太太也非常支持，还建议丈夫要亲自到街上叫卖。企业家经过一番思索，终于下定决心行动。从此，在曼谷的街头，每天早上大家都会看见一个头戴小白帽，胸前挂着售货箱的小贩，沿街叫卖三明治。

"一个昔日的亿万富翁，今日沿街叫卖三明治"的消息，很快地传播开来，购买三明治的人也越来越多。这些人中有的是出于好奇，也有的是因为同情，更多人是因为三明治的独特口味，慕名而来。

从此，三明治的生意越做越大，企业家很快地走出了人生困境。

他之所以能失而复得一个如此明媚的今天，是因为，在曾经的失败向他挑战现在和未来时，他没忘记先将身上的灰尘拍落，然后再轻轻松松地与之应战。

这个企业家叫施利华。几年来他以不屈不挠的奋斗精神，获得全国人民的尊重，后来更被评为"泰国十大杰出企业家"之首。

是啊，终日想着那些不幸的经历和已经错误的路途，只会越加剧我们自身的伤痛，也只会让我们对未来的看法越来越黑暗，越来越嫉恨。忘掉它们，把那些痛苦的过往从记忆中逐出，就像把一个盗贼从自己家逐出一样。

所以，请从记忆中抹去一切使我们消沉、痛苦的事情，只有把这些放下了、忘记了，我们才能重新开始一种人生，所以，对于那些不幸的经历，唯一值得去做的，就是彻底将它们埋葬。

要知道，人生不可逆转，时光不能倒流。在过去的长河中我们难免留下了遗憾，偶尔回头去想想那些经历过的失误，也许对我们以后的人生、心态、行为，有一些纠正和指引。但沉溺于当初的痛苦之中，只会停止我们的脚步。

丹麦哥本哈根大学有一个学生叫里奥，有一年暑假，他去华盛顿观光。很可惜，刚到达华盛顿，里奥就发现钱包不见了，钱包里装有护照和现款。他跑去向警察说明了情况。

第二天，钱包仍不知下落。里奥的衣袋里只有几十元的零钱。他该怎么办呢？难道要到警察局坐等消息吗？"不，我应该愉快地过好今天。"他对自己说，"我不愿做任何无意义的事情！我要参观华盛顿，我可能不再有机会来这儿了。"

于是，他步行出发，参观了白宫和国会大厦，参观了一些博物馆，爬上了华盛顿纪念碑的顶端。虽然无法到华盛顿郊区以及他计划中的其他地方去，但是，他凡到过的地方，都很认真的体会和欣赏，还留下了许多美丽的照片。在他回国后的第5天，华盛顿警察局帮他找回了钱包。此次出行，他没有为自己留下任何遗憾。

假如我们能够像里奥那样，明白只有今天和此刻所做才是真实的，彻悟昨天、今天和明天的时间关系，就不会沉浸于痛苦中不能自拔了。如果我们能把昨天看成是今天的经验、借鉴，把明天看作是今天努力的收获，就能在积极的情绪下把每一天都过得有意义。

所以，过去的就让它过去，我们的心承载不了太多的过去。不管是痛苦还是辉煌。就像一首歌曲里唱的"让过去飘散在风中吧"，人生就是不断重新开始的过程，随时都可以有新的开始，新的希望，新的天空。

事实上，只要我们愿意，过去就会成为现在的基石，让我们因过去的沉淀而获得新生。我们在时间的母胎中，慢慢酝酿勾勒，在一次次的遭遇中慢慢刻画成自己的风骨。没有人能挽留时间，只能在时间中慢慢蜕变。执着于过去那些或美好，或落败，或伤感，或幸福，都只能让自己沦为过去的一部分，再也难有未来可言。而只有那些敢于与过去的不堪把酒言欢的人，才能够放下一切，轻装上阵，用坦然的心态去迎接更好的明天。

# 第7章

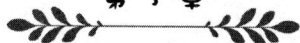

## 从生活中找到问题

# 把生活当作老师

生活最重要的准则是要懂得从生活如何中发现问题。只有如此，你才能懂得生活中的真谛，并不断充实生活，使生活富有情趣。人们常常不知道自己该做些什么，感觉与幼时的梦想越走越远，总会为风霜的磨砺和肩上的重担而感到不知所措，那就不妨找些需要解决的问题。

先看下面的这个故事：一只新组装好的小钟放在两只旧钟当中，两只旧钟"滴答""滴答"一分一秒地走着。其中一只旧钟说："来吧，你也该工作了。可是我有点担心，你走完三千二百万次以后，恐怕便吃不消了。""天哪！三千二百万次。"小钟吃惊不已。"要我做这么大的事？办不到，办不到。"另一只旧钟说："别听他胡说八道。不用，你只要每秒滴答摆一下就行了。"

"天下哪有这样简单的事情。"小钟将信将疑。""如果这样，我就试试吧。"小钟很轻松地每秒钟"滴答"摆一下，不知不觉中，一年过去了，它摆了三千二百万次。

每个人都希望梦想成真，成功却似乎远在天边遥不可及，倦怠和不自信让我们怀疑自己的能力，放弃努力。其实，我们不必想以后的事，一年、甚至一个月之后的事，只要想着今天我要做些什么，明天我该做些什么，然后努力去完成，就像那只钟一样，每秒"滴答"摆一下，成功的喜悦就会慢慢浸润我们的生命。我们在成功之余，不应忘了在生活中摸索不断进步。

航空母舰是海上最具有威胁力的武器，但是它也是在不断的实践中才得以逐渐完善的。航母飞行甲板与机场相比来说是太短太窄了，飞机着地点必须非常准确。若太过前，飞机会冲出甲板掉入海里，若太过后，飞机又可能与航空母舰的尾部相撞。真可谓前不得、后不得，有毫厘之差即可酿成大祸。于是，为了寻找有效的引导飞机着舰的办法。人们逼迫着去动脑筋。在千百次苦思冥想后，航母助降镜竟由一件小事产生出的灵感而诞生了。

那是 1952 年的一天下午，英国海军中校格德哈特走进了女秘书的房间，因为他想要女秘书为他找一份资料。他进去时，爱漂亮的女秘书正手拿着一个小镜子抹口红。这个动作激起了格德哈特的灵感，他掉头回到自己的房间，找来一面镜子，把口红涂在镜面上作标志，然后把镜子放在办公桌上，对着镜子用下颚接触办公桌的桌面。在此基础上，他设计成功了第一代航母助降镜——光学助降镜。

生活是我们最好的老师，只要我们用心去寻找，就能发现许多我们需要的东西。有时候灵感也会在一刹那光顾我们的眼睛和心灵。并且应从生活中的灵感去觉察弊病，防止不良后果的产生。

那是在克尼斯纳，一个老林工正在对一个年轻人解释如何伐树。他对年轻人说："要是你不知道哪棵树砍了会落在哪里，就不要去砍它。树总是朝支撑少的那一方落下，所以你如果想使树朝哪个方向落下，只要削减那一方的支撑便成了。"年轻人半信半疑，因为他稍有差错，被砍的树就有可能一边损坏一幢昂贵的小屋，另一边损坏一幢砖砌车库。

年轻人满怀焦虑地在两幢建筑物中间的地上画一条线。那时还没有链锯，伐树主要是靠腕劲和技巧。老林工朝双手划了一下，挥起斧头，向那棵巨松砍去。树身底处粗一米多。他看来已年过花甲，但劲力十足。

约半个小时后，那棵树果然不偏不倚地倒在线上，树梢离开房子很远。年轻人赞叹老林工砍伐如此准确。他有点惊讶，但没说什么。不到一个下午，他们已将那棵树伐成一堆整齐的圆木，又把树枝劈成柴薪。老人举起斧头扛在肩上，正要转身离去，却突然说："我们运气好，没有风。永远要提防风。"年轻人告诉老林工，他不会忘记老林工的砍树心得。

　　老林工的言外之意，使年轻人在数年后接到关于一个心脏移植病人的验尸报告时才忽然明白。那次手术想象不到地顺利，病人的复原情况也极好。然而，忽然间一切都出现了不正常，病人死掉了。验尸报告指出病人腿部有一处微伤，伤口感染了肺，导致整个肺丧失机能。那老林工的脸蓦地在年轻人脑海中浮现。他的声音也响起来："永远要提防风。"简单的事情，基本的真理，需要智慧才能了解。那个病人的死，惨痛地提醒我们功亏一篑这个道理。纵使那个伤口对健康的人是无关痛痒，但已夺了那个病人的命。

　　那老林工和他的斧子可能早已入土。然而，他却留下了一个训诫，当你得意之时用来警惕自己，对自己说："我们这回运气好，没有风。"所以，细微的破绽可能导致重大的失败，一定要考虑周全，不可忽略一切细节。如果你成功了，也不要得意，对自己说上一句："我这回运气好，没有风。"

　　当问题存在时，人也不要逃避。人遇上问题是很正常的现象，不想办法去解决，而只是去逃避，是不能解决问题的。许多事情都需要自己面对，只要我们正面面对了，才有机会从中找到问题的原因，才能想出办法来解决。

　　了解问题的根源，才能快速应对。在现实生活中，会存在一些现象，表面现象容易发现，但更深层次问题需要分析了解，过滤问题产生的原因，通过发现分析问题原因，我们在做决定时，就可以有针对性的拟定预案，制定相应措施，从而提高解决问题的效率，使我们可以快速应对产生的问题。

# 生活在别人的眼光里，就无法找到自己

人活着，不要太在意别人的眼光，做自己就好。众口难调，没有人会真的做到让所有人都满意。保守也好，张扬也罢，心怀坦荡、不卑不亢地生活下去，勇敢的追求自己想要的生活，这才是人生真正需要且值得做的事情。

西莉亚自幼学习艺术体操，她身段匀称灵活。可是很不幸，一次意外事故导致她下肢严重受伤，一条腿留下后遗症，走路有一点跛。为此，她十分沮丧，甚至不敢走上街去。作为一种逃避，西莉亚搬到了约克郡乡下。

一天，小镇上的雷诺兹老师领着一个女孩来向西莉亚学跳苏格兰舞。在他们诚恳的请求下，西莉亚勉为其难地答应了。为了不让他们察觉自己残疾的腿，西莉亚特意提早坐在一把藤椅上。可那个女孩偏偏天生笨拙，连起码的乐感和节奏感都没有。

当那个女孩再一次跳错时，西莉亚不由自主地站起来给对方示范。西莉亚一转身，便敏感地看见那个女孩正盯着自己的腿，一副惊讶的神情。她忽然意识到，自己一直刻意掩盖的残疾在刚才的瞬间已暴露无遗。这时，一种自卑让她无端地恼怒起来，对那个女孩说了一些难听的话。西莉亚的行为伤害了女孩的自尊心，女孩难过地跑开了。

事后，西莉亚深感歉疚。过了两天，西莉亚亲自来到学校，和雷诺兹老师一起等候那个女孩。西莉亚对那个女孩说："如果把你训练成一名专业舞者恐怕不容易，但我保证，你一定会成为一个不错的领舞者。"

这一次，她们就在学校操场上跳，有不少学生好奇地围观。那个女孩笨手笨脚的舞姿不时招来同学的嘲笑，她满脸通红，不断犯错，每跳一步，都如芒刺在背。西莉亚看在眼里，深深理解那种无奈的自卑感。她走过去，轻声对那个女孩说："假如一个舞者只盯着自己的脚，就无法享受跳舞的快乐，而且别人也会跟着注意你的脚，发现你的错误。现在你抬起头，面带微笑地跳完这支舞曲，别管步伐是不是错。"

说完，西莉亚和那个女孩面对面站好，朝雷诺兹老师示意了一下。悠扬的手风琴音乐响起，她们踏着拍子，欢快起舞。其实那个女孩的步伐还有些错误，而且动作不是很和谐。但意外的效果出现了——那些旁观的学生被她们脸上的微笑所感染，而不再关注舞蹈细节上的错误。后来，有越来越多的学生情不自禁地加入到舞蹈中。大家尽情地跳啊跳啊，直到太阳下山。

生活在别人的眼光里，就会找不到自己的路。其实，每个人的眼光都有不同。面对不同的几何图形，有人看出了圆的光滑无棱，有人看出了三角形的直线组成，有人看出了半圆的方圆兼济，有人看出了不对称图形特有的美……同是一个甜甜圈，悲观者看见一个空洞，乐观者却品尝到它的味道。同是身处赤壁，苏轼高歌"雄姿英发，羽扇纶巾，谈笑间樯橹灰飞烟灭"；杜牧却低吟"东风不与周郎便，铜雀春深锁二乔"。同是"谁解其中味"的《红楼梦》，有人听到了封建制度的丧钟，有人看见了宝黛的深情，有人悟到了曹雪芹的用心良苦，也有人只津津乐道于故事本身……

"走自己的路，让别人说去吧！"这句话常常在人们的口中出现，即便是安慰自己的话，却也能够让自己找到主心骨。确实，对每个人来说，凡事都要有自己的主见，不要太在意别人的看法，如果一个人的行动完全取决于别人的看法，他就会失去自我，从而成为别人意愿的奴隶。

就像古时候的女人般，到了年纪，就要听从父母的话，嫁给一个自己从未认识或是了解过的人，成亲之后，便要听从丈夫的话，遵从三从四德，在家相夫教子，甚至那时连阅读一本书上个学堂的能力都会被剥削。如果总因为他人改变自己，就会活得越来越没有自我，想要达到最终的目的，就不能放弃自己，放弃只会失去机会，生命也就会失去原本的意义了。

当然，并不是一定要你坚持己见，因为有时候，听听别人的建议，对你来说，也是个进步。我们要倡导的是，你要有自己的主见，要懂得自己应该做什么，不应该做什么，而不是让别人来提醒或告诉你，更不要让人取代你的一切主见。那么人们如何才能做到不在意别人的眼光？

（1）其实你在别人的心中并没有你想象中的那么重要，不要高估了自己在别人心中的分量。

（2）不要总是觉得你说错了一句话就是件不可宽恕的事情，说不定对方根本就没有听见你在说什么的。

（3）不要觉得你的举止不够高雅，行为不够端庄，会影响了自己在别人心中的形象，其实大家根本就没有在意你啊，除了你非常要好的朋友之外，哪里还有人会去关注你在做些什么。

（4）人没有办法堵住对方的口，除了你在意的人外，其他人怎么看怎么说，你想听就听，不想听就当作是耳边风罢了，不用去在乎。

（5）要做好自己，在不影响别人的前提下，怎么开心怎么来，不要委屈了自己，当然也不要用伤害别人的方式来成全自己。

人生是一个多棱镜，总是以它变幻莫测的每一面反照生活中的每一个人。不必介意别人的流言蜚语，不必担心自我思维的偏差，坚信自己的眼睛、坚信自己的判断、执着自我的感悟，用敏锐的视线去审视这个世界，用心去聆听、抚摸这个多彩的人生，给自己一个富有个性的回答。

# 即便众议成林也要保持平常心

所谓"谣言"，最基本的定义就是"不符合实际的传言"，古人云："众议成林，无翼而飞；三人成市虎，一里能挠椎。"谣言败坏个人名誉，给受害人造成极大的精神困扰。而人生存于一个团体之中，无论如何做人，也无法让每一个人都满意，更何况是有利益纷争的时候呢？出于种种原因，对人不利的谣言就来了，有攻击其能力的，也有诽谤其信誉和人格的。

1952 年，尼克松参加了艾森豪威尔的总统竞选班子。就在这时，有人揭发：加利福尼亚的某些富商以私人捐款的方式暗中资助尼克松，而尼克松将那笔钱据为己有。

尼克松据理反驳，说那笔钱是用来支付政治活动开支的，自己绝没有据为己有。但是，艾森豪威尔要求他的竞选伙伴必须"像猎狗的牙齿一样清白"，于是准备把尼克松从候选人名单中除去。

在 1952 年 10 月的一天晚上，10 点 30 分，全国所有的电视台都将各自的镜头、话筒对准了尼克松，他不得不通过电视讲话解释这件事，为自己的清白辩护。尼克松在讲话中并没有单刀直入地为自己辩护，而是多次提到他的出身如何卑微，如何凭借自己的勇气和勤奋工作才得以逐步上升的。这合乎美国竞争面前人人平等的国情，博得了国民的同情。

说着说着，他话题一转，似乎是顺便提起了一件有趣的往事，他说道："在我被提名为候选人后，的确有人给我送来一件礼物。那是在我们一家人动身去参加竞选活动的当天，有人寄给了我家一个包裹。我前去领取，你们猜是什么东西？"

尼克松故意打住，以提高听众的兴趣。"打开包裹一看，是一个箱子，里面装着一条西班牙长耳朵小狗儿，全身有黑白相间的斑点，十分可爱。我那6岁的女儿特莉西亚喜欢极了，就给它起了一个名字，叫'棋盘'。大家知道，小孩子都是喜欢狗的。所以，不管人家怎么说，我打算把狗留下来……"

事后，美国的一份娱乐杂志把这次"棋盘演说"嘲讽为花言巧语的产物。好莱坞制片人达里尔·扎纳克则说："这是我从未见过的最为惊人的表演。"

尼克松当时还以为自己失败了，为此还流了不少眼泪。可最后事情的发展完全出乎大家的意料，成千上万封赞扬他的电报涌进了共和党全国总部，他因为表现出色而最终被留在了候选人的名单上。

好口碑就是防护罩防患于未然，平时建立好口碑，关键的时候就会有人挺你。试想，如果你平时没有努力给自己塑造好的口碑，别人怎么会对你有好印象呢？所以防患于未然是非常有必要的，又该怎么做呢？

（1）建立好人缘，用强大的群众基础抵抗少数破坏分子。

（2）谨言慎行，不给谣言滋生创造温床。

（3）平时自己不散布消息，也不要随意听信办公室谣言。

小婉是一个特立独行的人，平时不太在乎别人的眼光，也不把别人的议论当回事。她工作上属于那种我行我素、敢想敢干的类型，业务展开得相对出色，领导很赏识小婉。小婉也不敢怠慢，更加努力。后来，一个绝佳的机会摆在了她的面前，公司准备选拔新的部门主管，领导暗示她只要能好好干，他可以考虑推荐她做代理部门主管，只要任职后在工作中能一直维持部门的稳定，并有所成就，她就可以顺理成章地成为真正的部门主管。

这让小婉太兴奋了！一次下班后的小聚会里，由于在酒吧多喝了几杯，小婉无意中将领导对她的"特殊关照"告诉给了同事小津，没想到，这一次引来了轩然大波。第二天，小婉刚踏进办公室，就感觉很多同事都用异样的眼光瞧着她，而且有的还在她背后指指点点，很快，她就被领导叫去训斥了一番。原来，小津把那天晚上小婉说漏嘴的事儿向同事们宣扬了，并添油加醋地说领导肯定是对小婉有那种意思，才会这么照顾她的工作，不然有那么多老员工，为什么偏偏选择她呢。

本来小婉以为谣言的制造者是小津，小津一定会被领导整治，可没想到的是，没有人挺小婉，他们倾向于接受这样的说法，小婉的努力完全被忽视掉。同事们用一致的对她的排斥证实着这个谣言，仿佛小婉真的和领导有着非比寻常的关系。小婉认为清者自清，传一段时间就不会再讨论了，可是更惨的是，这次几乎把领导都害惨了。谣言传得绘声绘色，周围的空气都弥漫着让小婉难堪的氛围，她感觉自己在公司简直待不下去了，后来只能办理了离职。办离职手续的那天，小婉最后对领导说的一句话是"对不起"。

谣言很多，常常令我们身陷被动的境地。怎么处理它成为每个人关心的问题，其实对于身陷谣言漩涡中的人来说，最需要的是冷静的头脑，而非沮丧的心情和失望的愤怒。他人对我们造谣的动机各种各样，但无论是出于嫉妒还是别的阴谋，我们都要保持冷静，绝不能被谣言的制造者打倒。面对谣言时，人又该如何应对呢？

（1）面对谣言，冷静，镇定。选个合适的时间和场合，把自己的情况和想法讲一讲，让谣言不攻自破。同时，提醒自己不要用攻击性的语言，也最好不要针对某人，达到澄清事实的目的就行了，而不要有报复的心理，否则，会使倾听者误会你是在宣泄情绪，反而达不到你的目的。

（2）用微笑刺激那些想要你好看的人。就算一些讨厌你的同事旁敲侧击表示对你人格的不信任，你也应该保持微笑，你越是表现得自然平和，继续做好分内的工作，其他人的好奇心就越是会迅速消失。这些事情随着时间的流逝很快就会被人们淡忘掉。

（3）不要轻信。谣言流传的时间越长，经过的渠道越多，就越有走形的可能。当办公室被坏消息和模糊不清的谣言所包围时，当人人都在为自己的前途自危时，保持头脑清醒显得尤为重要，千万不能够听风就是雨，冷静才可以明智地判断。

（4）用自己的眼睛来观察和验证，就像是在玩拼图游戏，你要学会将每一个看到的正确消息拼接起来，整个画面就会变得越来越完整，而且更为直观。

（5）别人的事，不牵扯。关于私人的谣言，如果和你无关，你没有必要去牵涉其中，"己所不欲，勿施于人"，如果你不先开口打听别人的私事，自己的秘密也不易被打听。

（6）不要孤独，不要躲避。就算谣言盛传，你也不要刻意回避和同事在一起的场合。

# 你知道被迷惑了双眼有多可怕

在人生道路上充满荆棘与诱惑，人要学会面对，学会坚强，学会淡然，学会放下，学会理解，学会包容。一种经历，一个过程，一段阅历，是一辈子的选择，因为选择不同，所以，造就了不一样的人生，婚姻如此，工作如此，人世间说不清道不明的感情更是如此。

人生就是一个不断选择的过程，在这个过程中，我们拥有，或是放弃；我们得到，或是失去；我们遗憾，或是后悔；我们铭记，或是遗忘；我们微笑，或是流泪；我们幸福，或是痛苦……

面对诱惑，有的人能够做出惊人的伟业，有的人却成了诱惑的俘虏；面对诱惑，有的人能够守住精神的底线，有的人却成了道德的叛徒；面对诱惑，有的人能够醒悟人生的真谛，有的人却失足跌倒在地狱的深渊。抵制诱惑，纵然落寞一时，但能幸福一生。

荀子说："人生而有欲。"人有七情六欲，有环境、性格、家庭、社会等因素形成的不同的个人欲望，也正是因为有欲望，才会去为之奋斗，才会进步，但这不等于欲望可以无度。一旦放纵人的本性去寻求满足，就会使人沉沦其中，从而迷失心声。人的理智一旦丧失，就会成为欲望的奴隶，如同跌落到深山峡谷而无法自拔。

霍光是骠骑大将军霍去病的弟弟。汉武帝去世时，他接受遗诏辅佐太子，以托孤大臣的身份主持朝政。皇帝对他都有几分敬畏，因此举国上下都十分尊重他。14 年后，霍光和群臣迎立刘询做了皇帝。在这次换皇帝的过程中，霍光起了十分重要的作用。因此，他在朝廷的地位也越来越高，他的亲戚朋友借他的显赫威势飞扬跋扈起来，渐渐引起了许多人的不满。

刘询本来已有妻室，感激结发妻从前不嫌弃他贫贱，便立她为皇后。霍光的夫人显氏利令智昏，她派人杀死了原来的皇后，硬把自己的女儿推给了刘询，做了皇后。这样霍家的权势如虎添翼、如日中天。在霍光死后，其家族仍然把持朝廷军政：女儿是皇后，儿子、女婿们担任军界和政界的要职。

刘询接到报告，都是揭露霍家的罪行的。考虑到霍家掌握的权势会对自己造成威胁，于是他开始削弱霍家的权力。眼看着霍家走下坡路，握惯了大权的一家人不禁惶惶不可终日，并商量出废除刘询这个一不做二不休的办法。谁知发动政变的重要机密竟被泄露，刘询下令逮捕了霍家老小，显氏和她的儿子、女儿、女婿们全部被处死，受株连的有 1000 多人。

本来霍光是一位极其谨慎的人。他受命托孤，确立了自己的地位，位极人臣，可是他仍然欲壑难填，陷入追求权力泥潭中不能自拔、倚权自重、为非作歹，最终的结局只能是悲剧。

如今的世界缤纷多彩，价值取向多元，对于每一个人都是一种无形的诱惑。而对于充满欲望的人而言，这其中的种种可能会令其趋之若鹜。常言道，"苍蝇不叮无缝的蛋"，如果我们自身充满了各种欲望，就难保受到诱惑而不被拉下水。当一个人的欲望超越了一个正常的标准，并禁不住太多的诱惑，就会被其蒙蔽双眼，迷失心灵。

生活中充满了诱惑，当我们面对诱惑时，最强有力的支持来自自己心灵深处，强而有力的自制力是我们抵抗诱惑的力量源泉。只有强而有力的自制力才有保障我们不迷失自我，不失去努力的方向，护送我们到达成功的彼岸。自制力可以说是我们成功的必要条件。

著名心理学家瓦尔特·米歇尔曾对斯坦福大学附属幼儿园的一群儿童进行了一个有趣的试验：他给每个孩子都发了一粒包装精美的糖果，并告诉他们这糖果属于你，你可以随时吃掉，但如果能坚持到一定的时间，就能得到两粒同样的糖果。

有些孩子坚持到米歇尔所说的时间，在等待的十几分钟过程中或将头进入手臂中，或自言自语，或跳舞唱歌，或玩弄自己的手脚，甚至努力让自己睡觉。最后这些自制力很强的孩子终于得到了两块糖果。相反，有些小孩由比较冲动，米歇尔走开，便马上拿走了糖果。

十几年后，当这些孩子成了青少年时，两种反应的孩子在情绪与社会方面的差异非常大。4 岁时就能抵抗诱惑的那些孩子，在青少年时期显得社会适应能力较佳，较具自信，人际关系较好，也较能面对挫折。沉不住气的孩子则有约三分之一表现出退缩或惊慌失措、羡慕别人、冲动易怒、常与人争斗等特点。

自制力是我们顺利完成学业、取得成就的必要条件。缺乏自制力的人往往无法取得预期的成功。俄国伟大的文学家车尔尼雪夫斯基说过："一个具有崇高德行的人，能够把吸引他的一切多样的憧憬克服了，使之服从他的主要憧憬。不错，为了这，他必须常常同自己斗争。"

一个人的认识水平和动机水平，会影响一个人的自制力。如果人在诱惑和享乐面前难以自持，一旦步入空虚的沼泽就可能深陷其中，不仅伤害身体，更容易丧失进取心，最终一事无成，遗憾终生。相反，一个成就动机强烈，人生目标远大的人，会自觉抵制各种诱惑。无论他考虑任何问题，都着眼于事业的进取和长远的目标，从而获得一种控制自己的动力。

总而言之，面对每一种诱惑都是一场博弈，人要学会约束自己，提高自身的素质。一方面要增强自己的鉴别能力。有些诱惑是不能"碰"的，即使它是"金山"或"银海"，不属于你的东西千万不要碰它，因为你一旦触摸到它，就等于上了它的"贼"船，走上不归路。另一方面要讲原则性，要有豁达的心态，要守得住自己的一方净土，唯有如此，人才能抵挡住诱惑的进攻。

# "两面三刀"的人，到哪也不讨好

　　有一种人叫"老好人"。他们的存在似乎就是让那些精明的人利用。老好人总给人一种窝囊，无能，好说话的形象。当别人叫他帮忙的时候，他不敢拒绝别人，害怕得罪人。他内心有道德感，觉得不帮别人对不起别人。有时候这类人帮别人后，痛恨自己，但往往又接着干。

　　很多人把圆滑看作是处世之道。当然，适当的圆滑可以为自己的职场打开绿灯，博得人气；可是如果掌握不住分寸，容易在别人的心目中造成两面三刀的"老好人"印象。而且有些时候，为了不得罪人，一些老好人不得不在几个人之间周旋，甚至为了不得罪任何一方，还会与该方共进退。可是一旦发生矛盾后，这样的老好人只能"两面三刀"为自己谋退路。就很容易使任何一方都讨厌，最后不但同事不喜欢，老板也不会买账。

　　大学一毕业后，贞菲就进入一家公司任职，她对职场如战场的说法早就有所耳闻，如果人际关系处理不好，就不容易生存下去，于是时刻提醒着自己虚心学习，低调做人。

　　贞菲为了能搞好人际关系，尽快地与同事"打成一片"，对于同事提出的请求，几乎没有拒绝过，并有时会动为别人分担工作。她的付出的确也出现了一些成效，但她一时却成为办公室里最忙的人，她的耳边时常回荡着"贞菲帮我把文件发了""贞菲帮我把饭定了"……

　　可是让她没想到的是，因为她无意的一次拒绝，竟使她一切的努力功亏一簧。上个大周日时该一位同事轮到值班，刚好那位同事那天要相亲，就想让贞菲代班。可是正巧贞菲也在那天有事，就拒绝了她。

本来这也就是很小的一件事，贞菲也没放在心上，可是这个同事在后来的工作中明显地冷落她、孤立她，甚至会在她的背后议论她，说什么"领导的要求就有求必应，同事的请求就会摇头拒绝"。这让贞菲感到很委屈，也非常气愤，她感觉到，自己能帮助她是情分，不帮她也是本分，本来想处理好同事的关系，却没想到反而弄得不愉快。

其实我们在日常的生活中，经常会遇到这样的情况，而造成这种情况的原因就是你喜欢做老好人。虽然有时候你在的想象中是美好的，想着能与别人处理好关系，但往往因为你把握不住做人分寸让事与愿违，起到相反的效果。所以在生活中，人不能总是做老好人，因为人的关系在很多时候是很微妙的，而且你的手中也没有天平，永远是端不平的。既然端不平，就不要试着去端，只做个本本分分的自己，就是最好的选择。

德海和丰茂在同一科室配合了数年，是一对资格很老的搭档。因为平日关系极好，所以不管两人中的谁受了同事的"欺侮"和误解，都会由另一方挺身而出，为老友"仗义执言"地寻个公道。可是最近他们两个却分别在同一科室的另一位同事光启面前，大加数落对方的不是，但在表面上却依然友好。

光启虽然感觉惊异，但深感二人都能把自己当亲近的人诉说"心里话"是对自己的倚重，就想着能替他们双方调和下，做个"和事佬"，让他们两个化干戈为玉帛。感觉他这样做不但能加深他们对自己的信任，并也能促进自己与他们两个人之间的关系。于是他便先跑到德海家替丰茂"承认错误"，说些好话，以表达"和好"之心，又会跑到丰茂家替德海做"自我批评"，痛陈"体谅之意"。

做完这一切，光启感到非常骄傲，他回到家里暗想，这件事自己办得实在太漂亮了，肯定会让那两位感激不尽的。可是数天过去后，德海、丰茂不但对其没有丝毫感谢之意，反而对其非常冷淡，俨然是一副攻守同盟的样子，又好像变成一个人似的。而光启却在同事的心目中落下了一个挑拨离间的坏名声，这让他郁闷至极。过了很长时间后，光启才知道自己错在哪里。

原来办公室里天天都有是是非非，就连夫妻之间也免不了"勺子碰锅沿"，又何况同事们之间还存在着利害关系呢？偶然有摩擦、不满是存在的，而相互指责对方的不是，将心中的不快发泄下也是很正常的事。可是他的那番话让德海、丰茂二人觉得光启是个典型的"两面派"，不值得深交。他们会担心在领导和同事之间二人的"黄金搭档"良好形象遭到破坏，影响日后的发展，所以在关键时刻，两人立即就"求同存异，一致对外"。

光启本来想做个成人之美的"和事佬"，却没想到自己却被置于了挑拨离间的境地，这就告诉我们：在生活中，很多事并不是凭主观感觉怎么样就怎么样的，而是要对事态做个正确的判断，然后再想着该如何去处理，以免让自己落入尴尬的境地。所以人在生活中绝对不能做"和事佬"，当然"软柿子"也做不得，该拒绝的要委婉拒绝；对方有缺点时，也要善意地给予提醒。哪怕会因为意见的不同，而使你们分道扬镳，但起码你会让周围人发现你身上的优点：坦率明理。在不断的理解中，你就会得到了同事们的认可。当然最关键的还是你要脚踏实地地做出工作，只有工作上有了好的起色，你才更能得到周围人的认可。

# 别让锋芒刺得处处淌血

生活中，有些人如果过于醒目，就很可能遭到别人的妒忌，更甚至会遭别人的暗算，让自己处于不利的地位。所以，人在很多时候，做事情不要过于的高调，才能更好地保护自己。

曾国藩是在居家守丧期间响应咸丰帝的号召，组建湘军的。不能为母亲守三年之丧，这在儒家看来是不孝的。但由于时势紧迫，他听从了好友郭嵩焘的劝说，"移孝作忠"，出山为清王朝效力。

可是，他锋芒太露，处处遭人忌妒、受人暗算，连咸丰皇帝也不信任他。1857 年 2 月，他的父亲曾麟书病逝，朝廷给了他 3 个月的假，令他假满后回江西带兵作战。曾国藩伸手要权被拒绝，还要承受来自各方的舆论压力。朋友的规劝、指责如潮水般席卷而来。曾国藩忧心忡忡，遂导致失眠。朋友欧阳兆熊深知其病根所在，便借用黄老之学来讽劝曾国藩，暗喻他过去所采取的铁血政策，未免有失偏颇，锋芒太露，伤己伤人。面对朋友的规劝，曾国藩陷入深深的反思。

自率湘军东征以来，曾国藩有胜有败，四处碰壁，究其原因，主要是曾国藩没有得到清政府的充分信任且未授予地方实权。同时，曾国藩也感到自己在修养方面有很多弱点，在为人处世方面刚愎自用，目中无人。他对官场的逢迎、谄媚及腐败十分厌恶，为此在所到之处，常公开表示不满，一针见血，从而遭人嫉恨，受到排挤，总成为舆论讽喻的中心。经过多年的宦海沉浮，曾国藩深深地意识到，仅凭他一己之力，是无法扭转官场这种状况的，如若继续为官，那么唯一的途径，就是去学习、去适应。

攻下金陵之后，曾氏兄弟的声望可说是如日中天，达于极盛，曾国藩被封为一等侯爵，所有湘军大小将领及有功人员，莫不论功封赏。时湘军人物官居督抚位子的便有十人，长江流域的水师，全在湘军将领控制之下，曾国藩所保奏的人物，无不如奏所授。但树大招风，朝廷的猜忌与朝臣的妒忌随之而来。

颇有心计的曾国藩应对从容，马上采取了一个裁军之计。不等朝廷的防范措施下来，就先来了个自我裁军。正所谓忍一时风平浪静，退一步海阔天空，曾国藩意识到鸡蛋是不能与石头碰的，既然不能碰，那就必须改变思路，明哲保身。曾国藩深谙老庄之法，他洞悉清朝政治形势，对自己的仕途也有一套圆熟通达的哲学理念。

正是由于曾国藩居安思危，在功高位显之时洞悉世态人情之险，从而以退为进，保持一种低调通达的作风，才能确保和成就他的功德。

曾国藩说：越走向高位，失败的可能性越大，而惨败的结局就越多。高处不胜寒啊！每升迁一次，他就要以十倍于以前的谨慎小心来处理各种事务。他借用烈马驾车、绳索已朽来形容随时有翻车的可能。

战国时期，楚怀王宠妃郑袖，才貌双绝，工于心计。魏王从自己的利益出发，赠给楚怀王一个大美人，人称魏美人，娇嫩柔美，眉目传情，真乃绝色佳丽，把好色的楚怀王迷得神魂颠倒，白日寻欢，夜晚作乐。

智谋深远的郑袖，看在眼里，恨在心上。她稍加思索，便计上心头。于是，她既不同魏美人争风吃醋，也不表露一点不满的情绪，而是像个知情达理的大姐姐，和善地对待魏美人，事事顺着魏美人的性子，还在楚怀王面前赞美魏美人美丽。不久就深得魏美人的信赖。

楚怀王见这对如花似玉的宠妃和睦相处，无限欢欣，慨叹道："世人都说女人天生是醋做的，看来也不尽然。我的郑袖就不吃醋，她是真心爱我，她知道我喜欢魏美人，就主动替我照顾她、关心她，使她不思念故国，实在是贤内助啊！"

郑袖见自己的计谋已起作用，暗自高兴。一天魏美人来看郑袖，郑袖似无意地告诉魏美人："大王在我这儿说你非常称他的心，只是嫌你的鼻子略尖了点儿！""那可怎么办呢？姐姐！"魏美人摸摸鼻子，求秘方似的。

"这也没什么，"郑袖若无其事地说，"你以后再见到大王时，轻轻地把鼻子捂一下不就行了吗？"魏美人连称郑袖高明。

此后，魏美人每次见到楚怀王就把鼻子捂起来。楚王不解，魏美人逢问必笑而不语。楚王便问郑袖，郑袖有意把话说一半，含嗔带笑，欲言又止。楚王一直追问，郑袖便装着不情愿的样子，说道："她说她受不了你身上的狐臭味！"

"什么！寡人乃一国之尊，她竟敢嫌弃寡人？真乃无理！"楚怀王大怒，一掌击在案上，喊道："来人！快去把那贱货的鼻子割下来！"魏美人的鼻子被割掉了，既丑陋，又吓人，永远被打入冷宫。郑袖用计除去了她的情场对手，恢复了她在王宫独自受宠的地位。

洪应明在《菜根谭》一书中所说："藏巧于拙，用晦而明，寓清于浊，以屈为伸，真涉世之一壶，藏身之三窟也。"这就说明做人宁可显得愚笨一些，也不可显得太聪明；宁可约束一下，也不可锋芒毕露；宁可随和一点，也不可趾高气扬；宁可谦让一点，也不可太激进。这就是做人难得糊涂的一大法宝。

藏锋露拙与锋芒毕露，是两种完全不同的处世方式。有才能本是好事，是事业成功的基础，在恰当的场合显露出自己的才能是十分必要的。但是，显露自己的才能一定要在合适的时间和地点，要有合适的度。时时处处显露才华，显山露水，不是智慧的行为，它只会招致嫉妒和打击。有志做大事业的人，忌讳锋芒毕露，懂得含而不露，该装傻的时候就装傻。

# 把事做绝，势必伤痕累累

人在社会，无论是做人还是做事，都要学会留有余地。这也是做人的智慧、做事的聪明所在。话不可说满，事不能做绝。留出一定的余地，才有足够的回旋空间。

留有余地也可看作是一种修养，是完善自我的一种方式。把话讲得有些弹性，让别人听起来感到舒服；做起事来有一个灵活的安排，进退空间更大。如果能做到这些，大家心里就都不会为沉重的负担所累，从而能轻轻松松地、坦诚地同别人相处。

给别人留有余地，也就是成就自己。留余地其实包含两方面的意思，一方面，要给别人留余地，无论什么时候，无论在什么情况下，也不要把别人推向绝路，万不可逼人于死地，迫使别人做出极端的反抗，这样一来，事情的结果对彼此都没有好处。另一方面，给别人留余地的同时，自己也有了余地，让自己有进有退，人生才能有生机与希望。

驯鹿是狼群非常喜欢的食物，捕猎也比较容易。但是，当驯鹿的数量减少时，狼群会尽量减少对驯鹿的捕杀，而是将目光转移到其他动物的身上。因为它们知道，在驯鹿数量急剧减少的情况下继续捕杀驯鹿，就很容易造成驯鹿的灭绝，以后它们就再也不能捕食到驯鹿了。遇事要留有余地，不可把事情做绝。这是狼的另一种生存智慧。

人生一世，万不可使某一事物沿着某一固定方向发展到极端，而应在发展过程中充分认识，冷静判断各种可能发生的事情，以便有足够的条件和回旋余地采取有效的应对措施。

有这样一则寓言：从前，有一条大河，河水波浪翻滚。河上有一座独木桥，桥很窄，仅用一根圆木搭成。有一天，两只小山羊分别从河两岸走上桥，在桥中间两只山羊相遇了。但因桥面太窄，谁也无法通过，而这两只山羊谁也不肯退让。结果，两只山羊在桥上用角顶撞起来。双方互不相让，拼死相抵，最终双双跌落桥下并被河水吞没。

这则寓言很简单，却蕴含着"路经窄处，留一步与人行"的深刻道理。在狭窄的路口处，不妨让别人先行，自己退让一步。如果彼此都不相让，势必会两败俱伤，倒不如稍作退让，留三分余地给别人，同时也是给自己留有余地。

"人情反复，世路崎岖。行去不远，须知退一步之法，行得去远，务加让三分之功"。这种做法明为退，实为进，是一种比较圆滑、成熟的做法。一条道路本就狭窄，再加上拥挤更是无处下脚，若是自己退一步让别人先走，那么自己也就相当于有了两步的余地，可以轻松走路。两相对照，自然是应选择有利于自己的做法。凡事都应学会包容，给别人留有余地，不能将其逼至绝处。

韩国北部的乡村公路边有很多柿子园。金秋时节，在那里随处可以看到农民采摘柿子的忙碌身影，成熟的柿子先被摘下，未熟透的柿子依然要留在树上，直到成熟之后再进行采摘。但是，有些熟透的柿子直到整个采摘过程结束也不会被摘下来，

这些留在树上的柿子成了一道特有的风景，一些游人经过那里时都会说："这些柿子又大又红，不摘岂不可惜。"但是当地的果农则说："不管柿子长得多么诱人，也不能摘下来，因为这是留给喜鹊的食物。"

任何人都这样认为，果农用柿子喂喜鹊，真是太傻了！

这时，车上的导游给大家讲了一个故事：

韩国北部的柿子园是喜鹊的栖息地，每到冬天，喜鹊们都在果树上筑巢过冬。有一年冬天，天特别冷，下了很大的雪，几百只找不到食物的喜鹊一夜之

间都被冻死了。

第二年春天，柿子树重新吐绿发芽，开花结果了。但就在这时，一种不知名的毛虫突然泛滥成灾。柿子刚刚长到指甲大小，就都被毛虫吃光了。那年秋天，这些果园没有收获到一个柿子。直到这时，人们才想起了那些喜鹊，如果有喜鹊在，就不会发生虫灾了。

从那以后，每年秋天收获柿子时，人们都会留下一些柿子，作为喜鹊过冬的食物。留在树上的柿子吸引了很多喜鹊到这里来筑巢过冬，喜鹊仿佛也会感恩，春天也不飞走，整天忙着捕捉果树上的虫子，从而保证了这一年柿子的丰收。我们在收获的季节里，别忘了留一些柿子在树上，因为给别人留有余地，往往就是给自己留下机会。

凡事总会有意外，留有余地，就是为了容纳这些"意外"，杯子留有空间，就不会因为加进其他液体而溢出来；气球留有空间便不会爆炸；人说话做事留有余地便不会因为"意外"的出现而下不了台，从而可以从容转身。

为人处世，只要我们存有宽广之心，做人不要做得太绝，做事不要穷追不舍，你会发现，脚下的路其实很平坦。人不是生活在一时一刻。也不是与人只有一次接触，聪明的人懂得给自己留退路，懂得给他人留余地。《醒世恒言》里有一句话："世事翻腾似轮转，眼前吉凶未必真。"人生的路上，懂得给他人留余地，给自己留退路，才能走得更稳，更踏实。

# 浮躁让你变成墙头草，根浅难经风雨

很多人急功近利、急于求成、好大喜功，只看短期效益。俗话说"十年磨一剑"，而现在有人恨不得一年要磨十剑。可是，人是生活在大地上的，不能悬在半空中飘在云雾里，应脚踏实地、真真切切地接上地气，接上地气就能有效克服浮躁。

有的人讲，现在情况就是这样，坐下去想站起来、站起来想坐下去，一看书眼睛就发花、一思考问题脑子就走神，精力老是集中不起来，心很躁。

心躁具体分析有"四躁"：首先是急躁，急躁起来肯定浮躁，浮躁起来事情办不好肯定烦躁，烦躁最后导致的结果是焦躁。

人的性情犹如装水的瓶子，装得越满，越是沉稳不言；装得越少，则越是咣当作响。人的成长也是如此。人一旦浮躁起来，难免如墙头之草，根基浅薄，难成大业。

浮躁的人无法拥有厚重的魅力。人生的积累与自然作物的生长规律极其相似，自然界中，往往贵重的东西生长缓慢，灵芝、人参、黄杨、银杏树，这些珍贵的东西的生长周期都要相对漫长。

人的浮躁如同心里的尘埃，一旦风起，尘埃便飘浮起来，使心灵浑浊不清，只能"浮光掠影"，难以安定从容，更难以生出清澈的智慧，难以积淀生命的底蕴。

　　人一旦被盲目、急躁、急功近利、投机取巧和沾沾自喜这些浮躁的心态所左右，就会变得心烦意乱，六神无主，没有主见地追随潮流而丧失明确的选择。做起事来，就像盲目的掘井人，四处掘井，却很难掘出水来。

　　浮躁是现代社会的一种流行病，是由于人所要和所想的太多，又急于获得造成的；或者是因有一点小成小得就沾沾自喜，目中无人而患病。浮躁虽算不上什么大病，却能伤害人的心灵，使人无法成熟，无法取得更大的成功，无法拥有厚重的魅力。

　　有位青年是一个诗歌爱好者，他从 7 岁起就开始进行诗歌创作，但一直未得到名师的指点。有一年夏天，他因仰慕一位文学大师的大名，千里迢迢地去拜访这位年事已高的文学大师，寻求文学上的指导。

　　青年诗人谈吐优雅，气度不凡，老少二人谈得非常融洽。文学大师对他非常欣赏。文学大师读过青年的诗稿之后，认定这个青年人在文学上将会前途无量，决心大力提携他。

　　文学大师将那些诗稿推荐给文学刊物发表，但反响不大。他鼓励这位青年人，没有谁一开始就是成功的，所以他希望这位青年诗人继续将作品寄给自己。

　　自此，老少二人有了频繁的书信来往。青年诗人在信中激情洋溢、才思敏捷地谈论文学问题，使文学大师对他的才华大为赞赏。

　　大师在与友人的交谈中经常提起这位青年，青年诗人因此就在文坛有了一点小小的名气。但是，这位青年诗人以后再也没有给他寄诗稿来，信却越写越长，奇思异想层出不穷，言语中开始以著名诗人自居，语气越来越傲慢。

　　文学大师开始感到了不安。凭着对人性的深刻认识，他发现这位年轻人身上出现了一种危险的倾向。通信一直在继续，但文学大师的态度逐渐变得冷淡，成了一个倾听者。

　　很快，秋天到了。文学大师去信邀请这位青年诗人前来参加一个文学聚会，年轻人如期而至。

在这位文学大师的书房里，两人进行了一番对话。

"后来为什么不给我寄稿子了？"

"我在写一部长篇史诗。"

"你的抒情诗写得很出色，为什么要中断呢？"

"要成为一个大诗人就必须写长篇史诗，小打小闹是毫无意义的。"

"你认为你以前的那些作品都是小打小闹吗？"

"是的，我是个大诗人，我必须写大作品。"

"也许你是对的。你是个很有才华的人，我希望能尽早读到你的大作品。"

"谢谢，我即将完成一部，很快就会公之于世。"

文学聚会上，青年诗人大出风头，他逢人便谈他的伟大作品，自视甚高，锋芒咄咄逼人。几乎每个人都认为这位年轻人必将成为大诗人，难怪文学大师如此欣赏他。

转眼间，冬天到了。青年诗人继续给文学大师写信，信越写越短，语气也越来越沮丧。直到有一天，他终于在信中承认，长时间以来他什么都没写。以前所谓的大作品完全是他的空想。

他在信中很诚恳地写道：

"很久以来我就渴望成为一个大作家，周围所有的人都认为我是个有才华有前途的人，我自己也这么认为。我曾经写过一些诗，并有幸获得了您的赞赏，我深感荣幸。在想象中，我感觉自己和历史上的大诗人是并驾齐驱的，包括尊贵的您。但使我深感苦恼的是，自此以后，我再也写不出任何东西了。不知为什么，每当面对稿纸时，我的脑中便一片空白。我对自己深感鄙弃，因为狂妄无知，我浪费了自己的才华。"

从那以后，文学大师再也没有收到这位青年诗人的来信。

"心宁则智生，智生则事成。"与此同理，只有内心宁静，才能产生灵感，有了灵感，才能创作诗篇；浮躁者少有作为，而且往往成事不足，败事有余。

一句诗说的好："暮色苍茫看劲松，乱去飞渡仍从容。"乱云飞渡下劲松的从容，令人钦佩和赞美。人生要想不被浮躁俘虏，就要让自己学会从容。只有从容才能造就恬淡的人生，才有踏地有声的稳健，才有关键时刻巨大能量迸发的气势。

第4章

有问题就有办法解决

# 让简朴凸显生活的味道

现代社会每个人每天都在忙忙碌碌，不断地为欲望而追逐着，又不断地为欲所驱使，到头来许多人还是不明白自己到底在追逐什么。财富？名誉？地位？事业？爱情？很少有人知道自己一生真正的需求。大多数人只知忙这忙那，茫然地奋斗着，却忘了自己在为什么而奋斗。他们的一生便在毫无目标的挣扎中浪费掉了，既事业无成，也不再快乐。真正的成功人士，他们懂得全力追求他们真正的事业，而对于其他的事情，他们却并不一定费心。并不是他们不能求取，而是他们认为根本无须为此耗费心神。在今日，还有很多人认为简朴才是生活之道。

有一次，亨利·福特到英格兰出差。他在机场问讯处询问当地最便宜的旅馆。接待员看了看他——这是张著名的脸，全世界都知道福特。就在前一天，当地的报纸已经报道说福特要来了，还刊登了他的大幅照片。现在他来了，却穿着一件很旧的外套，还开口询问最便宜的旅馆。

接待员说："要是我没搞错的话，您就是亨利·福特先生。我记得很清楚，我看到过您的照片。"

"是的。"

接待员满腹疑虑，他说："您穿着一件看起来很旧的外套，要最便宜的旅馆。我也曾见过您的儿子上这儿来，他总是询问最好的旅馆，他穿的也是很好的衣服。"

亨利·福特说："是啊，我儿子是好出风头的，他还没适应生活。对我而言没必要住在昂贵的旅馆里，我在哪儿都是亨利·福特，即使是住在最便宜的旅馆里我也是亨利·福特，这没什么两样。这件外套曾是我父亲的，但这没有关系，我不需要新衣服。我是亨利·福特，不管我穿什么样的衣服，即使我赤裸裸地站着，我也是亨利·福特，这根本没关系。"

爱因斯坦闻名世界之时，不也是常常身穿旧衣服，脚拖一双拖鞋在大街上散步吗？巴菲特总是自己开车，衣服多半要穿破为止；比尔·盖茨不喜欢穿名牌服装，不喜欢进大酒店，出差不坐头等舱，逛街喜欢去小商店。就像爱因斯坦所说的，在你成名之前，穿名贵的衣服又有何用，人家一样不认识你；成名之后，反正大家都认识你了，又还需要穿什么名贵的衣服呢？也许，只有那些需要靠自己良好的着装才能表现出良好形象进而有助于事业的人们，才特别需要经常穿着簇新而昂贵的衣服，才需要出行坐头等舱、住昂贵的旅馆来显示自己的身份与地位。

人们常常追求事业的成功，但这只是在追求一种人生价值的体现，而不是人生的目的。人生的目的应当是追求生活的平和安宁，自由自在和欢乐幸福。而人生之乐，当不在高官厚禄，不在拥有巨富，不在挥霍享受，而在于生活中的平淡真实，心境的平静从容。人们常常说自己得不到快乐，其实并非真正得不到，而是由于他们总是贪图比其他人拥有更多。由于他们认为其他人比自己更幸福，坚信自己应该比他人拥有更多才幸福，如此人生诸多问题、痛苦便随之而来。

《大周刊》中《掠去生存的假象》一文对现代人的生活做出了如下的概括："随着现代科技带来的现代生活方式，人的异化倾向越来越具有普遍性、危险性、全球性。人的感官享受和贪鄙心理被空前激活，对物质的占有、攫取愈发地成为主宰和界定人的生存内容和生存价值的唯一。同时，孤独、焦虑、浮躁、无聊，无所适从和绝望情绪，以及缺乏内在道德律、缺乏世界观的支持，构成当代人类的多维生存矛盾与生存危机。"

文章接着说："对物质的无度追求，不仅导致人心失衡、暴力上涨等极端后果，更可怕的是它污染了人性，破坏了人类最原始最质朴的人际关系，践踏泯灭了类似真诚真情和良知良心这样一些人类立命之本的宝贵品质。它使一切公共交往都扭曲变形，要么就是赤裸裸的金钱接触，要么就是动机深藏的功利交往。这个世界一往无前地变得世事迷离、利害难择。个性与共性，个体与群体，社会与集团，组织与阶层，都相互混沌扯皮，令人绝望地纠缠一气，隐性地存在于每个人前行的路上。"

在举了一系列的矛盾虚无之事后，文章总结说："真可谓我本假我，敌非真敌，大千世界，横交竖织——尽在惑中！"

真的静下心来细细思量，我们都被复杂的社会繁杂事物给迷惑了。许多无谓的事情有如根根蚕丝，耗损着我们的时间精力和生命，牵扯着我们的身体和内心，干扰着我们的成功、快乐与自由。社会生活之所以复杂化，种种问题层出不穷，很大的一个原因便是种种欲望充斥其中，互相牵扯纠缠，搅乱了生活原本的轻快自在。

18 世纪法国哲学家丹尼斯·狄德罗一日接到了朋友送的一件质地精良、做工考究、图案高雅的酒红色睡袍，他非常喜欢地穿着华贵的睡袍在家里踱来踱去，越踱越觉得家具不是破旧不堪，就是风格不对，地毯的针脚也粗得吓人。慢慢地，旧物件被挨个儿更新，书房终于跟上了睡袍的档次，狄德罗终于穿着睡袍坐在帝王气十足的书房里。可他却觉得很不舒服，因为"自己居然被一件睡袍胁迫了"。后来，人们就将不断追逐物质享受的攀升消费模式称为"狄德罗效应"。在今天，随着现代科技带来的现代生活方式，这种"狄德罗效应"无处不在，人们对物质疯狂的追逐和奢侈的消费之风正四处蔓延。

在这种情况下，人们总算明白：生活之道，快乐之道，在于自然，在于简单。要想增加快乐，请用减法；要想成功而快乐，便须控制自己的欲望。"奥卡姆剃刀"法则便指出：无论是管理上，还是在生活中，都应该遵循"简单是一种美""简单至上"原则。对于社会、生活中的种种复杂问题，你只需操起"奥卡姆剃刀"，大刀阔斧地"CUT"下去。

梭罗在《瓦尔登湖》中说："我不愿意过一种不是生活的生活，生活如此美丽，我也并不想远离世界，除非这是必要的。我希望深入到生活中，取得生活的精华，要顽强地生活，就像斯巴达人那样，驱除一切不能被称之为生活的东西，把它们抛弃，然后再谨慎地修理，把生活压迫到每一个角落，把它的条件降低到最低界限。""简单，简单，再简单！我告诉你，所有的事情只需要两三件就足够了，而不需要上百、上千件；两三件已经足够，为什么要数一百万呢？在这种波浪汹涌的文明生活的海洋中，一个人生存就必须抵御狂风暴雨和层层流沙，以及一千零一件事情，除非他想沉没自己的航船，跳进海里，不推算航位，不去港口。那些取得成功的人肯定是一个伟大的数学家。简化，再简化！"

梭罗的《瓦尔登湖》之所以深受都市人的喜爱，是因为在这复杂的社会和生活之中，简单本身就是一种幸福。当我们为年岁渐增生活日益复杂而叹息时，我们总喜欢怀念孩提时的欢快岁月；当我们为红尘滚滚而疲倦时，我们想念久违的乡村和久违的大自然。如此，当我们的内心在复杂多变的生活而焦虑烦躁时，我们都会渴望一种简单的生活。真正的幸福是发自内心的，选择一种简单的生活就是挣脱心灵的桎梏，回归自然而真实的自我。

简单的生活就是"不多求"和"刚刚好"的生活方式，以便为自己的内心留下更多的自由自在的时间与空间。人们几乎都在通过自己独特的途径探索最简单的最符合心灵需求的生活方式，以替代目前日渐奢侈、烦冗的生活。当然，在现代文明中所说的简单生活不是清贫，而应是简单而有意义的生活，自由、欢快、真诚、和谐、悠闲。

民国时期著名的爱国将领冯玉祥生活简单，素有"布衣将军"之称。1934年，蒋介石派孙科来拜访冯玉祥，冯玉祥以惯常的家常饭招待，吃的是馒头、小米粥，只有四样小菜。孙科吃得很香，他说："我在南京吃的是山珍海味，却没有冯先生的饭菜香甜。真怪！"在现代日益复杂的社会生活中，这种简朴更能凸显出生活的真味。

简单是个人在物欲横流、繁忙浮躁的时代抗拒异化，追寻成功、欢快和自由的一条捷径。收束的欲望，简单的生活，都能够为我们在喧嚣的世俗里增加更多的宁静，更多的欢快和自由。集中自己的时间和精力，收束自己的欲望，让生活充满简洁、随意和轻快，成功、快乐和自由便会在期望之中，或意料之外自然而来。

# 固执与执着相差毫厘，谬之千里

众所周知，"执着"是褒义词，"固执"是贬义词，但除此之外，还有什么区别？很多人都说不清楚，因为执着和固执都是坚持己见，不听从别人的意见。

有人笑称：如果最后你成功了，那你就是执着；如果失败了，那你就成了固执。但两者的本质差异到底在哪里呢？一位心理学家告诉我："执着的人，坚持的是自己的方向和目标；固执的人，坚持的则是自己的情绪和做事的方法。"

固执的人似乎有个性，但更多的时候给人的感觉是顽固不化。即使你有才华，固执的心态也会使你走向死胡同。

有这样一只老鼠，它很不喜欢听别人的意见，总认为自己永远是正确的。有一次，它外出时无意中钻到了一个放在地上的牛角尖里。其实，它只要转一个身就可以轻易地跑出牛角尖，但这只老鼠却不，它跑不出来，却还拼命地向里钻。

一个路过的兔子看到后，对老鼠说："快退出来吧，你越往里钻，路只会越来越狭窄了。"

老鼠听后很生气，说："我是百折不回的英雄，只有前进，我绝不会后退的。"

兔子惊讶地说："可是你的路走错了啊！"

老鼠依然坚持自己的意见："谢谢你的好意，但我从生下来到现在都是钻洞过日子的，怎么可能会错呢？"

兔子无奈地走了，而这位不会犯错误的老鼠也活活地闷死在了牛角尖里。后来，这个故事被用来比喻那些做事非常固执，不肯听其他人意见，不懂变通，以致最终失败的人，这种人也被说成"爱钻牛角尖"。

其实在生活中，也有很多有这种固执心态的人，他们其实都很有才华，但却常常陷入某一个绝对没有好处的事情中不能自拔。即使周围的亲戚、朋友、同事等对其进行劝说，他们也总是执迷不悟，甚至还会找出很多幼稚的理由来欺骗自己，直到有一天，当他受尽折磨、终于解脱的时候，才幡然悔悟，追悔莫及。

心理学家在解释人的固执的心态时认为，当人遇到信念与现实发生冲突的情况时，会出现认知平衡失调，引起内心冲突，此时，人们就会想办法来恢复心理平衡。恢复平衡的方式有两种，一种是承认事实，并根据事实情况去做事；而另外一种则是找一个理由来维持住当前的平衡。在后一种情况下，如果将已有的经验驾驭在现实之上，并过分固化，则可能产生执迷不悟的心理，也就是固执的心态。

虽然执着和固执，都有表示对某件事很专注、有坚定的信念和态度，看似也有些相像，但执着心态毕竟不是固执心态，也不等于固执心态。认准了准确的道路奋勇前进，不在乎前进中的障碍，不达到目标不松懈，那是执着的心态；而一意孤行，沿着错误的方向撞了南墙也不改变初衷，则是固执的心态。执着心态代表着一种坚持不懈、不轻易放弃的积极态度，而固执心态则是明知道是错误的，还一味地盲目去追求，是一种消极的心态，会带来严重的后果。

每个人都会出现固执心态，这是很常见的。有固执心态的人会太过自信，觉得自己什么都行，会认为每一件事情自己都可以做到，或者当别人提醒时，心里虽然认为可能会失败，但是又隐隐觉得有成功的希望，就有强烈的欲望去试一试。由于固执心态主要是依赖于主观的定义，所以，如果坚持的事情是正确的，可能会最终成功。但如果因此而固化了自己的思维，则会导致前进的停滞，无法创新，或无法客观地认清事物，喜欢一味地逃避。所以，固执的人似乎让人感到个性，但更多的时候给人的感觉是顽固不化。

虽然固执心态不可取，但它也有着向上的一面，只是执着得过了头才变成了固执的心态。执着的心态很重要，它是成功的一个必不可少的因素。因为执着才有前进的动力，因为执着才有坚持的可能，因为执着才有可能成就事业，赢得财富。所以，渴望赢得财富，就要学会调整自己的固执心态，学会在失败中找到原因，将固执心态变成执着心态。发明家爱迪生执着地发出了"我已经找到1000多种不适合做灯丝的材料了"这一极其乐观的话语，并认真总结经验教训，继续实验，才最终找到最适合的材料，制成了照亮世界的电灯。这才是真正的执着，而不是固执。

一个人如果固执地坚持一种方法而不思调整，不求改进，成功可能就是可望而不可即的。相反，如果他能在失败后及时地总结一下经验教训，改进自己的方法和做事的思路，也许成功很快就会降临到他的头上。小蚂蚁的故事便深刻地说明了这一点。

有两只小蚂蚁在去目的地的路上遇到一堵很光滑的墙，墙挡住了前进的路，只有通过它才能到达目的地。

一只蚂蚁不畏艰难地去爬这堵墙，它爬两步掉一步，过了许久，仍没有多少进展，失败了很多次，可它仍然不放弃，继续着它的爬行。而另一只蚂蚁则不同，它在失败了之后，便稍微退开了几步，仔细地打量了一下墙壁，它在墙壁上发现了一条容易爬上去的路线，于是这只蚂蚁就顺着这条路线，慢慢地爬了上去。

说这个故事，不是说前一只蚂蚁就爬不上去，也许它在努力了很久之后，终于爬了上去，但更多的可能是，它在长时间的努力后，消耗完了所有的力量，爬不上去了。如此一来，这两只蚂蚁可以说是高下立判。一个执着之余，能及时反思自己的失败，找到一条更好的出路，轻松到达目的地。所以，执着心态不是固执地走同一条道路，而是在能达到目标的情况下，找到更好的路，坚持地走下去。

执着是一种美德，而固执则是一种弊病。执着者和固执者都在坚持自己的选择，仅是理念不同而已，但相差毫厘，谬之千里。固执者以为自己只要坚持了就会有所获，但他们死守狭隘经验，墨守成规，是一种让人窒息的专一，最终只能付出很多而无所收获，给自己带来满身的伤痕和无尽的苦痛。执着者相对于固执者来说，多了一份理性的思考，不为眼前利益所动，看得长远，用执着的心，去一步步地走出只属于自己的风景。

# 黄金法则——换位思考

在我们的现实生活当中人人都渴望理解，但在很多时候却偏偏得不到理解。在我们的工作中经常会存在误会，且难以避免，结局不仅不能如愿以偿，而且恰恰事与愿违，误会在社会的各个角落之间都可能发生，而理解和误会只差那么一小步，只要日常生活中能够经常沟通，换位思考，善于忘记，理解就会时常在我们的边。

理解需要经常沟通，沟通非常重要，长期不通，必生猜疑，猜疑生误解，误解就会生冲突。沟通了才让别人知道为什么。理解需要换位考，换位思考是情感沟通的桥梁，亲人、朋友，同事之间都少不了换位思考，当我们被"冒犯"，被误解的时候，是耿耿于怀还是换位思考突显了修养和品德。

所谓换位思考，其实就是换一种立场看待问题，从各个不同的角度研究问题，以开放心态对待冲突，从而获得新的理解，做出与平时惯常思维不一样的行为。

换位思考是人类经过长期博弈、付出沉重代价后总结出的黄金法则。如果我们能够时时、处处、事事进行换位思考，那么人与人、人与社会、人与自然就一定能够处在一种和谐的状态中。

比如，自己少一分随意，别人就会多一分轻松；自己少一分刻薄，别人就会多一分宽容；当我们体会到老师的辛劳时，就会对他们多一些敬重；当我们体会到父母的艰辛时，就会对他们多一分敬爱。无论在家庭、在单位，如果说话办事能从对方的角度考虑问题，理解对方，那么我们就会减少许多不必要产生的家庭纠纷和社会矛盾，形成和睦的家庭、和谐的集体乃至和谐的社会。不难看出，换位思考，对于读懂别人、读懂生活、读懂社会，对于改善自己的思维、丰富自己的思想、提高自己的修养，对于认识世界、改造世界、构建和谐世界都有着重要的意义。

德国有一户人家需要在城里找一栋房子。他们一家三口，丈夫、妻子和一个五岁的孩子，跑了一天，终于在傍晚时看到了一则称心如意的公寓出租广告。

他们满怀希望地跑了去，房东仔细地打量了 3 位客人，"实在对不起，我们的房子不打算租给有孩子的住户。"

丈夫、妻子听了不知如何是好。踌躇了半天，只好遗憾地离开了。

那个 5 岁的孩子，把一切看在眼里，走了没多远他又一个人跑了回来，并用那双小手敲开了房东的门。小孩很有礼貌地说："老爷爷，这个房子我租了，我没有孩子，只有两位老人。"

房东一听孩子的话，笑了起来，他们本意是怕孩子吵，一看孩子如此懂事、会说话，就欣然同意把房子租给他们了。换位思考打破了房东老人的角色局限，使他自愿放弃了原来的成见。

还有这样一个故事：从前，有两座庙。甲庙的和尚经常吵架，生活得很痛苦；乙庙的和尚相处得十分融洽，生活得很快乐。于是甲庙的主持好奇地前去取经。

行至乙庙前，他看到一个和尚匆匆从外面走进来，刚进大门不慎摔倒了。正在拖地板的和尚见状赶紧跑过去，迅速扶起并连声自责："都是我的错，地板拖得太湿了。"站在门口的一个和尚也紧跟着跑过来，歉意地说："都怪我没有及时提醒。"被扶起的和尚则说："还是怪我太粗心。"前来取经的主持看在眼里，记在心上。从那以后，甲庙和尚之间的关系也融洽了。

宋代大儒朱熹说："责人之心责己，恕己之心恕人。"现在，不仅代与代之间有代沟，人与人之间一直有"沟"的存在，很多误会、纷争、痛苦皆由它而起。在很多的生活领域中，要做到"换位思考"委实不易。

比如有人说"劝人容易劝己难"。当劝慰别人时，我们苦口婆心，说得头头是道，当创伤发生在自己身上，却发现所有说过的话都是那么苍白无力，因为此时才真正体会到那种心情和感受。当初劝慰别人的，并不是情感的慰藉，而仅仅是理智的道理和应该。

在现实生活中，个别人是透过一层眼镜去认识、了解别人的，这层眼镜就是他主观的参照标准，有时候就是一种成见。甚至有人常常被这种成见左右而不自觉，也就更谈不上去设身处地地理解别人了。

老子说："圣人常无心，以百姓心为心。"人与人的相处需要理解，需要心灵的契合。我们只有放下心中的一切框架，以纯净的心灵为载体，才能越过那些"沟"。

生命的运行中，酸甜自己感受，苦辣自己体会。能说的只是少部分，不能说的才是大部分，人生所有的事情，运行在自己的心窝。累了，自己愿意，伤了，自己情愿。生活，需要你看开，放下，能满足自己心意的，就是快乐！正如苏东坡所说"横看成岭侧成峰，远近高低各不同，不识庐山真面目，只缘身在此山中。"如果万事都能学会换个角度去看，学会换位思考，那么生活中就会多一些理解，就会减少许多不必的烦恼，增添不少快乐，那笑意将永远在我们脸上荡漾，我们的生活将充满灿烂的阳光。

# 遇事冷静，审慎而行

不少人在生活中说起话来似真似假，真假相间。做起事情来也是虚虚实实，虚实同行。我们遇到这种情况就要保持警惕心，深入分析其背景和原因，明察其虚实，把握其内在本质。否则，只看到事物的表象，不经过一番思考分析就妄下结论，甚至轻举妄动，就难免出现失误，甚至犯下较大的过错。

人们做事时总要准备两套方案。一套是貌似合理的方案，另一套才是真实的方案。你要想有所行动，就必须弄清其真实的方案，明察其背后的虚实。如在买房前看房时，不要只是被售楼小姐领着走，跟随她的脚步与指点介绍看看就了事。她跟你十分热情地介绍，却又虚晃几枪，你不要一时冲动就头脑发热，而一定要实地勘查一番。这是自己一家人的大事，对于自己满意的房子，即使是晚上和雨天，也要不辞辛苦，多去走走看看。对房子的阳面阴面、安静喧闹、向阳漏雨等好坏情况都在心中有个谱儿，才不会在搬进房子之后才发现问题一大串，感觉上当受骗。

再比如某单位在一夜之间，忽然传出某重要人物的谣言。这时切不可单纯的轻信谣言，而要想办法摸清其中真实情况：恶意中伤的背后用意居心何在？谁会是此事件的受益人？而谁又会因此而受损？这种种问题必须深入开展分析，了解其中内幕和其中利益关系，以剖析其根源，把握其本质所在。而如果你一听到这种关乎切身利益的谣言，也不多想就大为恼火，站出来发表过激的言辞，或有着激烈的反应，这就很有可能上人家的当，正中他人的下怀。

总之，在遇到突如其来的事情之时，在追求事业的征途上，在有风险的地方，在某些关键时刻，特别是在采取行动之前，切记审慎行事，明察其虚实，识别其伪装或者谎言或骗术，摸清其真实意图，谋定而后动，才能使事情变得更为顺利，使自己立于不败之地。

可以说，遇事冷静，审慎行事，是任何有志于成就一番事业人士的重要品格和法宝。《大智慧》的作者，西方大智者葛拉西安曾在多处场合特别强调审慎品格的可贵，他说："如果一个人在做某件事时预感到会失败，旁观者会很清楚地看到这一点。当旁观者是敌人时，他会看得更清楚。当你的判断在感情冲动中动摇时，冷静下来之后发现那愚蠢无比。当你在怀疑其是否明智时，去承担一件事情是非常危险的。更安全的方法是什么也不干。审慎不会把宝押在可能性上，它始终在如日中天的理智控制之下。当某件事在酝酿时就遭到了审慎的谴责，它怎么可能会有一个好结局呢？即使是经过认真审查一致通过的决议也会出错，对于那些遭到理智的怀疑和非议的事，我们又能期望什么呢？""一盎司审慎抵得上一磅才智。稳步前进比赢得粗俗的喝彩更为重要。审慎的声誉是你能赢得的最高赞誉。如果你使审慎的人感到满意，那就够了，他的赞同几乎就等于成功的试金石。"也正因如此，"真正的哲学家却只有一种行动计划：依靠美德与小心谨慎，因为好运与厄运常常取决于我们是谨慎小心还是鲁莽草率。"

不只是葛拉西安如此看重"审慎"，对于那些成功人士，那些历史上有名的伟人，那些偏重于行动方面的天才，无一不特别看重审慎的品格，无一不为自己的审慎感到自豪，为自己行事时不够审慎而感到遗憾和懊悔。而历史上那些重大成就的取得，奇迹的创造，也无一不有着谨慎行事的巨大功劳。世界上最伟大的军事天才之一，拿破仑·波拿巴曾做了大量的工作。如在他成为总司令的前 20 天之中，光是解决军队供应的书面命令就颁布了 123 项。对于如何处理盗用公款、短斤缺两、伪劣用品等问题都做了细致的规定，而且这些命令都是在行军途中，利用战斗的间隙发布的。对于如此大大小小的事情，他又是怎样对待的呢？他在远征意大利的时候写信给法国的督政们说："你们要求我创造奇迹，我做不到……只有谨慎从事，怀有智虑和远见，我们才能完成伟大的目标。

从失败到胜利只有一步之遥。从众多重大的事件中，人们可以明白一个道理，差之毫厘，失之千里。最终来说，决定每个事件的往往是个细节。"重视事情的细节，在每一环节每一步骤上都谨慎小心从事，绝不疏忽大意，这就是拿破仑之所以成为世界上最伟大的军事天才的关键之一，也是世间众多杰出人物出类拔萃走向成功的一个重要因素。

人做事一定要审慎，要善于审时度势，三思而后行。行事审慎，处处可见"行事未动心先至"之用心，事情就会朝着自己事先设想的方向前进，做事就会趋向妥当周密完善，最后走向成功。切不可思虑不周便急于行事，更不得鲁莽行事。失败者之所以失败，败在思虑不周，或不够审慎。

"失败是人生财富，成功是最大危机"，之所以不少企业或者个人的事业有如此类似的遭遇，都是因为还未取得成功或者失败之时，绝大部分人都能够保持冷静，会对事情的各个环节都审察入微，小心谨慎，并且全力以赴；而当取得成功之后，人们容易产生骄傲心理，

虚荣心迅速膨胀，常常得意忘形，且斗志有所松懈，身心有所疲惫，从而在相当程度上放弃了审慎，结果事业自然是从高峰跌入谷底。

明智的人士从来就知道，不在情绪冲动或不能保持冷静时做出重大的决策和大动作，尤其是在盛怒之时。曾有一个商人外出经商，三年不曾返家探望娇妻，眼见年关迫近，思乡之情油然而生，于是决定赶回家中与妻子团聚。为慰劳妻子本分持家，商人决定送一份奇特的礼物给她。

商人信步到街上走走，眼睛突然被一间店面深深吸引住了，原来偌大的一间店，里面空空荡荡，没有一点货物，主人坐在店中，喃喃低唱，墙上贴了醒目的布条，上面写了"卖四句偈"四个遒劲有力的大字。

商人很好奇，心想自己跑遍天下，阅历过世上不少货品，却从来没听说过

四句偈这种东西，决定一探究竟，说不定能给妻子一个惊喜，于是对店主说："请问这四句偈，多少钱？"

"如果你有意购买，我才告诉你这举世罕见的奇妙珍宝，只是试探的话，敬谢不敏。"店主懒洋洋地抬起眼皮。

"哦，对不起。我是诚心诚意要购买这四句偈，请你告诉我吧！"商人赶快堆起一脸憨厚的笑容。

"我店专卖的四句偈语其实就是四句话：'前三步想一想，退后三步想一想，嗔心起时细思量，放下怒火最吉祥。'看你忠厚老实的样子，特别减价你三十两银子。"商人啼笑皆非，原来这就是店主所称之为"珍宝"的四句偈，但自己既已承诺，也只好以这价钱买下这四句话，心里懊恼极了。

商人一路跋山涉水赶回家，到家的时候已经是岁暮除夕的夜晚了。他踏入门槛，只见厅中摆了一桌的佳肴，四副碗筷整齐地各占一边。妻子已经睡觉了，他进入卧床正准备叫醒妻子时，他赫然发现在帐前端端正正地摆了两双鞋子，一双男鞋，一双女鞋，商人怒火中烧："好哇！不要脸的贱人，竟然做出如此伤风败俗的勾当，坏我家风。"

商人转身冲到厨房，拿了锋利的菜刀来到床前便要砍下。这时他花了高价买下的四句偈语突然浮上了脑海："向前三步想一想，退后三步想一想，嗔心起时细思量，放下怒火最吉祥。"不禁心念一动：是啊，纵然要杀她，也要问个清清楚楚，明明白白，再说那野汉子是谁，也要问个明白。于是他粗鲁地叫醒妻子，大声骂道："不知廉耻的女人，竟然背着我偷人，这一桌酒席，这一双鞋子，你作何解释！"

睡得正香的妻子看到久别归来的丈夫对自己不但没有体恤慰问的情话，反而如凶神恶煞般要杀自己，终于按捺不住愤怒，尖起嗓门大骂："没良心的东西，你这一出门三年未归，也不捎个信儿回家。我想年关已近，他人家里一家团圆，因此也为你准备了一双碗筷，一双鞋子，图个吉利圆满。你不问青红皂白，见面就要杀要砍的。既然这样你就杀好了，给你杀啊！"

"对不起，我误会贤妻了。哈哈！三十两买四句偈语实在便宜！便宜！"商人手舞足蹈，拊掌大笑，继而携手上桌，与妻子饮酒压惊。一旁的妻子看得一脸迷惑和惊愕。

人在盛怒或心生猜疑时，便气冲脑门，思维便不灵转，执其一隅，易钻牛角尖，考虑事情不全面，容易疏漏、忽视一些细节，做出极端冲动的事情来。盛怒过后冷静下来，纵是万般懊悔却也难以挽回。因此，人在盛怒、猜疑之下，切记不要做出较大的决策或行动。人在不能自制时，会举止失常，激情总会使人丧失理智。所以，往往在盛怒和猜疑之下的决定和行动即便你认为完全正确，也是轻率和错误的。稍等一下待心神冷静下来时再动手也不迟。为此，我们不妨再看看葛拉西安的理论，他说："为情所动时，不要有所行动，否则你会事事搞得一团糟。因为当局者迷，旁观者清。当谨慎之人察觉到情绪冲动时，即刻控制并使其消退，否则便会热血沸腾并鲁莽行事。短暂的爆发会使人连日不能自拔，甚至名誉扫地。"

# 得理需让人，刻薄若是非

那些古今中外做大事的人，都有一个弥勒佛的"大肚子"，都有得饶人处且饶人的气魄和涵养。他们能容天下难容之事，不会目光短浅斤斤计较，纠缠鸡毛蒜皮的琐事。这样，他们才能在人生的道路上获得他人的容忍与帮助，并成就不平凡的人生。

我们在生活中一定要做到得饶人处且饶人，有理也要让三分。生活中常常有些人就是这样，无理争三分，得理不让人，小肚鸡肠。相反，有些人真理在握，不吭不响，得理也让三分，显得绰约柔顺，君子风度。前者，往往是生活中的不安定因素，后者则具有一种天然的向心力，一个活得叽叽喳喳，一个活得自然潇洒。

曾国藩说："我对待下属虽然不刻薄，但经常把他们当作路人，所以他们不忠心于我。以后，我要把他们当作家人来看待，名分虽然要分明，但是在感情上，应该给予他们更多关心。"

刻薄之人，对自己要求很松，对别人却很苛责，缺乏反省意识，把问题归咎给别人，把功劳划归自己。很显然，这样的人是无法处理好人际关系的，也是很难成功的，即使机缘成功了，也很难把事业做到极致。

对比一下曾国藩和左宗棠，我们可以更直观地理解曾国藩的这一理论。曾国藩、左宗棠性格不同，曾国藩宽容厚重，左宗棠褊急刻薄。

曾国藩心宽，能够容忍各种人才的缺陷，所以他的帐下人才很多。曾国藩逝世后，经他培养成才的李鸿章、彭玉麟、丁日昌、沈葆祯等人仍活跃在中国历史舞台上，对当时的社会产生了巨大的影响。这是曾国藩的一个大功绩。没有宽容的心，他是做不到这一点的。

与曾国藩不同的是，左宗棠心窄，对人很刻薄，所以他手下人才并不太多。左宗棠一逝世，左宗棠集团就轰然倒塌，他所提拔起来的那些人，包括刘锦棠、杨昌濬、王德榜等人，再无太大的作为。

假如是重大的或重要的是非问题，自然应当不失原则地论个青红皂白甚至为追求真理而献身。但日常生活中，也包括工作中，往往有人为一些非原则问题，鸡毛蒜皮的小事争得不亦乐乎，谁也不肯甘拜下风，说着论着就较起真儿来，以至于非得决一雌雄才算罢休，结果大打出手，或者闹个不欢而散，鸡飞狗跳影响团结，甚至还有可能酿成人间悲剧。

2006 年 6 月 2 日，天津市南开区发生了一起惊心血案。三条人命转瞬之间灰飞烟灭，究其缘由，仅仅起因于一次微不足道的剐蹭事件。是凶手残忍过度，还是逝者罪有应得，目击者众说纷纭。

当天，一时尚女子驾程一辆宝马 735 路过一个自行车修理摊，剐倒了一辆待修的自行车。女子遂下车，要求修车师傅赔偿其损失，并对修车师傅百般辱骂。起先，修车师傅据理力争，时尚女子哪肯罢休，于是上前推搡修车师傅。修车师傅挥手阻拦，碰巧把时尚女子衣服弄脏。出现此等变故，时尚女子更是不依不饶。放言，车子的事情暂且不算，必须先拿 3000 元出来赔自己衣服。

事情发展到此时，曾有过路者出面调解。修车师傅也忍气吞声的向时尚女子道歉，并且表示愿意为她清洗衣服。可时尚女子依然不依不饶，一边继续辱骂修车师傅和上前调解的过路者，一边掏出了她的手机开始求援。

时尚女子求援的对象正是她的父母，她们一家三口就住在对面的高级社区。其父来到现场，并未对事情原委做任何了解，便径直抄起地上的打气筒朝修车师傅头部猛砸数下。顿时，修车师傅头部血如泉涌。部分实在看不下去的围观者开始指责其父行为,并有几个欲意上前劝架。其父竟扬言,如果有谁敢靠近就会给他同样的下场。此时,其父继续猛踢被他用打气筒砸倒的修车师傅腹部,其母则站在一旁破口大骂为修车师傅说话的路人和围观者。时尚女子则一直地坐在开着空调的宝马车里,得意扬扬地看着这场闹剧的上演。

几分钟过后,时尚女子父母打累了,也骂累了。其父对修车师傅说:"一刻钟之内,老子要是看不到3000块钱,以后你就别在这儿混了。"修车师傅挣扎着从地上爬起来,吐了几口血唾沫,艰难地说道:"你等一下,我这就去拿",然后步履蹒跚地向高级社区对面的筒子楼走去。此时此刻,4名当事者的心境迥乎不同,但是都已经走上了一条不归路。

大约10来分钟的样子,修车师傅返回了事发现场,来到时尚女子父亲对面。其父冷笑一声,便伸手跨步上前。就在此时,修车师傅猛地抽出怀中的右手,手里拿的并非一沓钞票,而是一柄雪亮的西瓜刀,以迅雷不及掩耳之势刺向了对方的心脏,然后在同一部位又补了2刀,其父没有发出任何声响便栽倒在地。紧接着,修车师傅两三步跨到其母近前,转瞬之间连捅3刀。杀红了眼的修车师傅并没有放过宝马车里早已目瞪口呆的时尚女子,拎小鸡般将她提出车外,连捅数刀后,扔于路边。

几分钟后,警方和救护车均已赶到现场。警方不费吹灰之力便将凶手逮捕。而刚刚还鲜活的3条人命,连急救的程序都没有进行便撒手人寰。

发生这样的事情,不会存在一个胜利者,修车师傅同样必死无疑。这个教训实在是太深刻了,只不过是一件小事,但当事人不依不饶,得饶人处不饶人,最终酿成了人间惨祸。

曾国藩当京官的时候,家里有一个仆人,名叫陈升。一次,这个陈升和曾国藩发生了矛盾。曾国藩很生气,解雇了他,并且写了一首讽刺他的《傲奴诗》,另换了一个叫周升的做仆人。

等气愤平息下来后,曾国藩开始反省自己对下人的冷漠。他想起别人解释

110

《易经》的一句话。这句话翻译过来，大意是这样的：你把下属当成路人，刻薄寡恩，漠然无情，那么下属也会把你当作路人。

所谓"得饶人处且饶人"，就是放对方一条生路，让他有个台阶下，为他留点面子和立足之地，只要你做到这一点，有的时候反而能收到让你意想不到的效果。可能你争斗了半天得到的事物，反而在你放他人一马之后得到了。即使"得饶人处且饶人"之后，你什么利益也没有得到，但你至少能收获一份轻松的心情，能让你享受当下生活的闲适与轻闲。

所以，为了享受美好的当下生活，我们要站到高处，往开处想，理解别人、宽恕别人、得饶人处且饶人。这样你的生命才能美丽，生活才会安康。我们在生活中都是不同的个体，世界上没有完全相同的两片树叶，当然也没有两个完全相同的人了。得饶人处不饶人，最终的结果可能是两败俱伤。

# 因为坦然，所以淡泊

任何事物都具有两面性，好坏都是相对的。关键在于我们用什么样的心态去面对，怎样坦然去处理。坦然是一种失意后的乐观，就是让我们面对成功时，不要狂妄自大；面对失败时，不要消极悲观；得到时，不要满足乐观；失去时，不要怨天尤人。成功与失败、得到与失去是互相依存、互相转化的，有得必有失，有失必有得。

有些垂钓者，一大早出门，夕阳西下才拎着空空的鱼篓回家，但仍是一路欢歌。这时候你会不会觉得他们很傻，因为付出了一天的时间却一无所获，却还这么快乐，这不是白白耽误时间吗？一位心态坦然的垂钓者是这样回答的：鱼不咬我的钩，那是它的事，我钓上来的是一天的快乐，这是我的事。

是啊！对心存坦然的垂钓者来说，最好的那条鱼便是快乐。如果垂钓者对他的劳动不是那样的坦然，而是斤斤计较，那么他将失去垂钓的快乐，得到的是烦恼与劳累。如此，在失意时你的心态决定了你的所得所失。当你在致富路上失意时，你应该想到你收获了经验，收获了另一方面的成功，这样你就不会因为你一时的所失而失去你以后的成功。

因此，坦然是沮丧时的一种调试。大家先来看看这个人的几次经历：35岁竞选参议员失败，37岁再次竞选失败，39岁竞选国会议员又一次失败，43岁当选国会议员，45岁国会议员连任又失败，47岁竞选副总统失败，54岁当选美国总统。大家现在一定知道他就是亚伯拉罕·林肯。林肯在经历失败时也一定有过沮丧，但他从来没有被失败打倒，他总是能从失败中看到希望，从沮丧中调整自己，跌倒了再爬起来，勇往直前地向目标挺进，最后终于获得成功。你是不是也经历过一次又一次的失败，你又是如何做的呢？看完林肯的经历，你是否坚强了许多？在追求财富的道路上，不要因为沿途的荆棘而挡了你前进的脚步。

坦然是面对成功时的淡泊。居里夫人天下闻名，但她既不追求名也不追求利。她一生中获得各种奖金 10 次，各种奖章 16 枚，各种名誉头衔 107 个，她却完全不在意。有一天，她的一位朋友来她家作客，看见她的小女儿正在玩英国皇家学会刚刚颁发给她的金质奖章，于是非常惊讶地说："夫人，得到一枚英国皇家学会的奖章，这是极高的荣誉，你怎么能给孩子玩呢？"居里夫人笑了笑说："我是想让孩子从小就知道，荣誉就像玩具，只能玩玩而已，绝不能看得太重，否则就将一事无成。"

居里夫人还说过关于荣誉的名言："我把你们的奖金当作荣誉的借款，它帮助我获得了初步的荣誉。借款理应归还，请把它再发给另一些贫寒而又立志争取更大荣誉的波兰青年。"居里夫人面对自己的成功时刻是清醒的，没有对自己的巨大成功而狂妄自大。她十分坦然地面对自己的奖章与奖金，这样使得她在取得一个成就之后，又迎来下一个成就。在你的人生道路中，你也会有巨大的成功，该如何面对呢？答案是淡泊、坦然。让自己的成功不要成为你下一次成功路上的绊脚石，不要让它麻痹了你。不要因为你致富路上的一次"大赚"，麻痹了你智慧的头脑，错过了下一座金山。

坦然是面对得到时的进取。沃伦·巴菲特由于所持股票大涨，身家猛增至620 亿美元，问鼎全球首富。他在 1941 年时，刚刚 11 岁，便购买了平生第一张股票。到 1957 年，巴菲特掌管的资金已达到 30 万美元，年末就升至 50 万美元。到 1962 年，巴菲特拥有资金达 100 万美元。1964 年，巴菲特的财富达到400 万美元，1968 年，巴菲特的资金有 2500 万美元。1972 年，巴菲特又盯上了报刊业。从 1973 年开始，在股市上蚕食《波士顿环球》和《华盛顿邮报》。由于他的介入，《华盛顿邮报》的利润大增，每年平均增长 35%。1980 年他又买进可口可乐 7% 的股份，到 1985 年，股票价值翻了 5 倍。1992 年，巴菲特又购下美国高技术国防工业公司——通用电力公司的股票，使得他在半年前拥有的 32200 万美元升值为 49100 万美元。在以后的发展中，巴菲特使自己的财富如同滚雪球似的，越滚越大，直至 2007 年成为世界首富，超越了比尔·盖茨。从巴菲特的财富增长中，你一定看到了他的不断进取。

一个个的例子，让我们对坦然有了更深的了解。泰戈尔有句诗是这样写的："天空不曾留下鸟的痕迹，但我已飞过。"在人生道路上，在致富旅途上，失败是不可预料的，但是应对失败的却是那份坦然和从容！从现在开始，请学会淡泊你的所得，不断进取，获取一个个更大的胜利吧。

生活是变化万千的，你的心态决定了你的生活质量。面对生活中的成与败，你的坦然会让你觉得生活是完美的，你的生活是与众不同的。坦然让人心情舒畅，让人保持清醒的头脑，让人在考验中增长智慧。

1985 年 10 月，山姆·沃尔顿被《福布斯》列为全美富豪排行榜的首位。山姆一夜之间成为全美关注的焦点，大批记者涌向山姆的住所。然而，当他们到达后却惊奇地发现：山姆穿着一套由自己商店出售的非常廉价的服装，戴着一顶打折的棒球帽，上下班开着一辆破旧不堪的小货运卡车，在车后还安装着用来关猎犬的狗笼子。并且镇上的人说，山姆每次理发都只花 5 美元——当地理发的最低价。

山姆成为富翁，也并没有像想象中的那样过着锦衣玉食的生活，而是还如同以前一样的平和。这就是他对所拥有的财富坦然心态的表达。有人说过，为"金钱"要做的最好准备是学会对金钱坦然处之。就是这个"抠门"的老头儿、"小气鬼"却向美国 5 所大学捐出了数亿美元，并在全国范围内设立了很多奖学金。这是山姆对他的财富的另一种坦然，这种坦然更让我们叹服和尊敬！

山姆的几个儿子也都继承了父亲对待财富的坦然。他们应该有豪华的办公室吧？而现在沃尔玛总裁吉姆？沃尔顿的办公室却只有 20 平方米，董事会主席罗宾逊·沃尔顿的办公室则只有 12 平方米，而且办公室内的陈设也十分简单，于是很多人把沃尔玛形容成"'穷人'开店穷人买"。

一个渴望成功的青年向一个富翁请教其成功之道，只见富翁拿了 3 块大小不一的西瓜放在青年面前，说："现在每块西瓜代表一定程度的利益，你选哪块？""当然是最大的那一块！"青年毫不犹豫地回答。富翁一笑，说："那好，请吧！"富翁把那块最大的西瓜让给那个青年，自己吃起了最小的那块。只见富翁从容得吃完了手里的那一小块，然后就拿起桌上的最后一块西瓜大口吃起来。青年这时恍然大悟，明白了富翁的意思：富翁吃的瓜块虽小，但是吃的块数多。假定每块西瓜代表一定的利益，那么富翁所得的利益当然比青年的多。

吃完西瓜，富翁笑着对青年说："要想成功，首先就要懂得放弃，只有放弃一些利益，才能获取更大的利益。在我致富的道路上，我从不计较眼前的一些小的利益，才使得我拥有现在的成就，这就是我的成功之道。"富翁在大块西瓜（大的利益）被他人取走之后，没有着急、嫉妒，更没有方寸大乱，而是以一种平和、坦然的态度去寻求自己的利益。而且他告诉我们：不要为些许利益斤斤计较，要坦然面对利益的缺失和他人的成功，用心去做好自己的事情就能获得相应的成功。正是这种在财富面前的坦然心态，使得他能拥有更大的财富。而青年为表面的利益而动，心存急切，他的失败也正源于此。

在德国，有一个造纸的工人在生产纸时，不小心弄错了配方，生产出了一批不能用来书写的废纸。因此，造纸工人不但被扣工资，还被罚钱，最后甚至遭到解雇。因为此事他灰心丧气、愁眉不展，这时他的一位朋友劝道："任何事情都有两面性，你换一种思路看，也许从错误中能找到有用的东西。"于是，他很快想到，这批纸虽然不能用来写字，但是它的吸水性能相当好，可以吸干器具上的水分。于是，他把这批纸切成小块，取名"吸水纸"，拿到市场去卖，十分畅销。于是后来，他申请了专利，独家生产这样的吸水纸，成了富翁。

　　在古埃及，有一次国王举行盛大的国宴，厨师在灶房里忙得焦头烂额。一名小厨工不小心将一盆羊油打翻了，吓得他用手把混有羊油的炭灰捧起来就往外扔，扔完后，他抓紧时间去洗手，这时，他发现两只手变得特别干净。小厨工发现这个秘密后，就悄悄地把扔掉的那些炭灰捡了回来，给大家用。后来，国王发现厨工的手和脸不像以前那样满脸油垢、汗垢，现在个个都是那么的洁白干净。国王十分好奇就问原因，小厨工如实回答了，国王也按此法使用了一下，效果果然非常好。很快，这个发现传遍了埃及全国，并且很快就传到希腊、罗马。以后，有人就根据这个发现，研制出流行于全世界的肥皂，赚了很多钱。

　　吸水纸、肥皂的出现，正是在一定的失误后，坦然面对了自己的失误所带来的结果。或许你也正为失误而懊恼吧？事情都是两面的，应该想着从失误中能得到什么。坦然地面对你的失误，会让你有另一个发现。大凡有成就的富翁们，他们面对自己求富路上的失误，都是十分坦然的，拿得起放得下，才让他们在致富路上心里没有顾虑，勇往直前，让他们的财富如小山般堆积。

　　假如生活给我们的只是一次又一次的挫折，一次又一次的失败，其实，这也没什么，命运并没有夺走我们活的快乐和自由的权利。

　　在人生中，许多的成败与得失，并不是我们都能预料到的，很多的事情也并不是我们都能够承担得起的，但，只要我们努力去做，求得一份付出后的坦然，其实得到的也是一种快乐！

# 换个角度看问题，世界充满阳光

鲁迅曾说："其实世上本没有路，走的人多了，也便成了路。"生活中，只会盲从他人，不懂得另辟蹊径者，将很难赢取成功和荣耀。

俄国作家契诃夫说过："如果你手上扎了一根刺，那你应当高兴才对，幸亏不是扎在眼睛里。"原以为这只是一种幽默的调侃戏谑，后来才发现，其实这也是一种达观的生活态度和人生智慧，且为许多贤达俊杰所折服。

面对生活中出现的许多问题，换个角度，换种态度，往往就换了一个心情。这种改变并不难，只需把你的视角稍微调整一下，给心情加入一点颜色。

一个农夫家境贫寒，唯一有的东西就是一副碗筷，一张桌子一张床。他生活过得虽然清贫但他却非常快乐。一个忧郁的富人来到他的门口，看到这个贫穷的农夫竟然活得很开心，非常不解，就问农夫："你家里一无所有，你为什么这么开心啊？"

农夫笑着答道："我的确一无所有，但同时也就意味着一无所失呀！"富人恍然大悟。

换个角度思考，会让人产生不同的心态，不同的心态又会决定不同的人生观、世界观。

一次，曾任美国第32届总统的富兰克林·罗斯福家中失窃，损失惨重。朋友写信安慰他，罗斯福回信说："亲爱的朋友，谢谢你的安慰，我现在一切都好，也依然幸福。感谢上帝。因为：第一，贼偷去的是我的东西，而没有伤害我的生命；

第二，贼只偷去我部分东西，而不是全部；第三，最值得庆幸的是，做贼的是他，而不是我。"

这是伟人的智慧，伟人的胸襟和气度，告诉我们看问题不要只停留在表面现象，而要跳出这个问题的核心，以一个旁观者的身份来理解并纵观这个事件的发生始末。

俗话说"当局者迷，旁观者清"，其实这个旁观者并不一定是对方或者是局外人，也可以是你自己。一般来说，能从别人设下的困局中逃脱出来的人，都有一个本事，那就是懂得换个角度看待问题。换个角度思考，学会从消极中找寻积极的一面。当你深陷生活的烦恼之中，困于事业的瓶颈之时，请换个角度看待问题，换一种心态来对待它，你就能坦然面对即将到来的考验，并从中学到平常学不到的知识和经验。

如果你不能改变客观条件，那么你可以试试改变自己看问题的角度；也许你不能让天气晴朗，那么请改变心境吧，心里有阳光才会是永远的晴空；也许你不能抚平伤痛，那么请收藏这难得的收获吧。它会让你在痛苦中磨炼、成长，直到你长出经历风雨的翅膀；也许你不能改变昨天，那么就请你从昨天的后悔中吸取教训吧，这也是一种特别的资本……

其实生活中有很多事情就是这样，当你身处其中的时候，你会觉得这是你永远也无法逾越的山。当你跳出自己，身处山外的时候，才发现山其实就在自己的心里，只要换个角度，换个心态，就会有新的收获。

有一位年轻的姑娘要跳河轻生，被一位船救了回来。船夫问："你年纪轻轻，为何自寻短见？"

"我结婚才两年，丈夫就抛弃了我，接着孩子又病死了。您说我活着还有什么意思？"

船夫听了，想了一会儿，说："两年前，你是怎样过日子的？"

少妇说："那时的我自由自在，没有任何烦恼……"

"那时你有丈夫和孩子吗？"

"没有。"

"那么你不过是被命运之船送回到两年前去了。现在你又自由自在，没有任何烦恼了，你还有什么想不开的？请上岸去吧……"

听了船夫的话，少妇仿佛做了一个梦，她揉了揉眼睛，想了想，心中豁然开朗便离岸走了。从此，她没有再寻短见，从另一个角度看到了希望的曙光。

有位哲人说："我们的痛苦不是问题的本身带来的，而是我们对这些问题的看法而产生的。"这句话很经典，它引导我们学会解脱。解脱的最好方式是面对不同的情况时，用不同的思路从多角度分析问题。因为事物都是多面性的，视角不同，所得的结果就不同。

要解决一切困难是一个美丽的梦想，但任何一个困难都是可以解决的。转换看问题的视角，就是不能用同种方式去看所有的问题和问题的所有方面。如果那样，你肯定会钻进死胡同，离支点越来越远，处在混乱的矛盾中不能自拔，就像故事中的那个少妇一样容易产生轻生的念头。

记得艺术大师罗丹说过："对于我们的眼睛，生活中不是缺少美，而是缺少发现美的眼睛。"当我们揭开黑暗的面纱时，也许看到的将是耀眼的光芒，她会抹平我们内心的忧虑，从而照亮世上所有的阴暗，但关键在于你能否揭开她神秘的面纱。你的胸怀有多宽广，你的梦想有多灿烂。我们换个角度看世界吧，世界将会充满阳光。

# 共赢才是王道

我们的社会是由人和人之间的各种关系组成的，孤立的个人可能存在，但做不成任何事。荀子说过，"力不若牛，走不若马，而牛马为用，何也？""人能群，彼不能群也。"团结才有力量，只有与人合作，才会众志成城，战胜一切困难，产生巨大的前进的动力。人的这种善于合作，善于协调的特性是人类社会发展的一种必然结果。

一个事业者的成功率当是与其协作精神成正比的。在同一行业相差不多的条件下竞争，谁更具备与不同的人进行合作的能力，谁就更容易成功。我们在日常生活中总能见到，有的人一肚子才学，但往往因为不易与人合作，而失去机会，最后一事无成。一些看似没多少本事的人，却有着他人所没有的与不同人相处的本事，这种人成功的机会就比较多。无论什么样的英雄，单枪匹马闯天下，其结果只能是悲剧。在那些人人争名逐利和钩心斗角的环境中，人身不保，人人自危，又何谈发展呢？只有那些能够与人合作，能够团结众人的一呼百应者，才能够得最终的成功。即便他个人没有特别的本事，也更容易成就一番事业。

可以这样说，合作永远强过单干。单干者有着更少的朋友更多的对手，合作则有着更多的朋友更少的对手。因此，不管是与商业伙伴合作，还是遇到竞争对手时，都要切记，与其处心积虑地与人争利，不如谋求共赢。

著名人际关系学家戴尔·卡耐基曾经讲述过这样一件事情。卡耐基曾经租用纽约某饭店的大舞厅用来举办每季度一系列的讲课。有一个季度开始的时候，卡耐基突然接到饭店的通知，说他必须付出比以前高出 3 倍的租金。卡耐基拿到这个通知的时候，入场券已经印好，并且发出去了，而且所有的通告都已经公布了。

卡耐基不想付这笔增加的租金。因此几天之后，他去见饭店的经理。"收到你的信，我有点吃惊，"卡耐基说，"但是我根本不怪你。如果我是你，我也可能发出一封类似的信。你身为饭店的经理，有责任尽可能地使收入增加。如果你不这样做，你将会丢掉现在的职位。对吧？"

"对。"饭店经理点了点头。

"现在，我们不妨一起来分析一下，把你因此可能得到的利弊列出来。"卡耐基一边说着一边取出一张纸，在中间画了一条线，一边写着"利"字，另一边写"弊"字。他在"利"字这边的下面写下这些字："舞厅空下来。"接着说："你把舞厅租给他人开舞会或开大会是最划算的，因为像这类的活动比租给人家当讲课场地能增加不少的收入。如果我把你的舞厅占用 20 个晚上来讲课，你的收入当然就要少一些。"卡耐基接着说："现在，我们来考虑坏的方面。第一，如果你坚持增加租金，你不但不能从我这里增加收入，反而会减少自己的收入。事实上，你将一点收入也没有。因为我无法支付你所要求的租金，我只好被逼到另外的地方去开这些课。"

"你还有一个损失。这些课程吸引了不少受过教育、修养高的群众到你的饭店来。这对你是一个很好的宣传，不是吗？事实上，如果你花费 5000 美元在报上登广告的话，也无法像我的这些课程能吸引这么多的人来你的饭店。这对一家饭店来讲，不是价值很大吗？"卡耐基一面说，一面把这两项坏处写在"弊"的下面，然后把纸递给饭店的经理说："我希望你好好考虑你可能得到的利弊，然后告诉我你的最后决定。"第二天，卡耐基收到一封信，通知他租金只比原来涨 50%，而不是 300%。

合作才能产生双方的共同利益，同时有合作就会有双方的利益冲突，这就需要双方能够采取合作协商的友好态度，让双方都有钱可赚，有利可图。如在合作性谈判中，通常遇到的困难问题是双方都需要解决的。具体地说，就是要把双方的冲突转化成有待解决的问题。谈判中的问题是多种因素构成的，如交货时间、售后服务、价格问题、包装问题、运货、退货，诸如此类等等。当谈判的一方在某种问题上得不到满足时，可以从其他方面得到满足。这样可以协调双方的需要，使大家都满意，使得谈判得以和谐地进行。

在与人进行合作时，在获得自己利益的基础上，不妨设身处地地从对方的切身利益出发，全面分析、权衡利害得失，共同寻求双方利益的最佳结合点，最终达成双方共赢的局面。正所谓与人争利，不如谋求合作共赢。因为不管是谁，花费时间与精力来做事情，就是要赚钱，要创造利润。而只有双方都有钱赚，事业才能长期进行下去。台湾贤林灯饰的创业者、"一代灯王"林国光说："我会劝客人在没有把握产品好与不好之前，不要下太大的订单，你下了太大的订单害了你自己也会影响我。为什么呢？如果你下了很大的订单，你的资金就会被卡住，你没有资金向我买产品，那我怎么赚钱。所以做生意要先考虑到对方，这是我一向的原则。让对方能够用他的资金钱滚钱帮你赚钱，自然而然你的生意就倒不了了。"

谁都知道合作可以产生更大的力量。只有懂得与人合作的人才才更容易成功。单独一个人，不管他自己具有多强的能力，终其一生，所能成就的也只是很小的一点点而已。但如果一个人善于与他人进行良好合作，其一生的成就是不可限量的。

李嘉诚之所以能成为华人首富，其中最重要的一点便是他深深懂得与人合作之道。在人人争利的时代，他自有一套与人合作的理论。

有一次记者问李泽楷，"你父亲教了你一些什么赚钱成功的秘诀吗？"结果李泽楷说："父亲没有教赚钱的任何方法。"记者觉得很吃惊，并且不相信。

李泽楷说："父亲只教了我做人处世的道理。"这不是在敷衍自己吗？这位记者心中不免有些不快，便接着问："你父亲教你做人处世的道理，你说说看怎么教我成功。"

李泽楷说："我父亲跟我说，你和他人合作，假如你拿七分合理，八分也可以，那我们李家拿六分就可以了"。

这是什么意思？让他人多赚两分，自己岂不是很吃亏！而李泽楷从父亲那儿学来的做人处世的道理，却是实在地为他的事业带来了极大的成功，这也是世人有目共睹的情形。事实上，人们都知道和李嘉诚合作会得到便宜，所以更多的人愿意和他合作。试想一下，虽然他只拿六分，但现在多了一百个人与他合作，他现在多拿多少呢？这里我们讲述一个他与人合作的案例。

曾有一段时间，李嘉诚决定在伦敦以私人方式出售他持有的香港电灯集团公司10%的股份。计划过程中，港灯即将宣布获得丰厚利润的消息，李嘉诚的得力助手马世民马上建议他暂缓出售，以便卖个好价钱。但是，李嘉诚却坚持按原计划出售。李嘉诚说："还是留些好处给买家好，将来再配售会顺利点，赚钱并不难，难的是保持良好的信誉。"

正如李嘉诚一贯所言，做人最难的是不做加法而是做减法。有钱大家赚，利润大家分享，这样一来人家就会对你有信心，才有人愿意与你合作。李嘉诚说："与人合作，假如拿10%的股份（或利润）是公正的，拿11%也可以，但是如果只拿9%的股份（或利润），财源就会滚滚而来。"是啊，留些好处给商业伙伴，有钱大家赚，利润大家一起分享，这样一来人家就会对你有信心，要做什么事也首先会想到与你合作，并会自己找到你头上来。如此，你接下来要做的事情便会顺利得多。正如李嘉诚所说："我做了这么多年生意，可以说其中有60%的机会是人家先找我的。"

正因为善于与他人共同分享，所以2002年李嘉诚旗下的长科生物科技公司要上市融资，当时长科公司全年的营业收入才几十万港元，根本就不盈利，但是股票发行时还是获得了好几倍的认购。这是为什么呢？因为香港人相信李嘉诚的信誉，相信他会留些利润让大家赚，跟着他投资不会吃亏。"李嘉诚"3个字就是金字招牌。李嘉诚善于与人分享，赢得了他人如此的信任，该他所得的财源不滚滚向他而来，又会流到哪里去呢？

　　世界上有许多事情，人与人之间只有通过相互合作才能做好。一个人学会了如何与别人合作，就等于是找到了打开成功之门的钥匙。这就是人们常说的："小合作有小成就，大合作有大成就，不合作就很难有成就。"

　　俗话说："一个巴掌拍不响，两个巴掌响遍天"。帮助别人就是帮助自己，只有学会和别人合作才是学会了如何做人。正如《易经》所说："二人同心，其利断金。"一个人很渺小，多人合作就会产生巨大的效应，更容易取得成功。

第5章

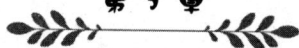

充分认识自己，提高修养

# 不做无知的人

无知，是一个贬义词，形容一个人缺乏知识和重要常识，不明事理。也可指新生儿的懵懂状态。你可以不成熟，永远活的天真，但是你不能无知。可是有些人根本没有觉察自己是无知的，甚至相信自己是对的，听不进别人的苦劝，而且还把自己的妄想付诸行动，就容易做错事。

曾经有一位大地主，生了三个女儿，这三个姐妹感情非常好，即使上学或回家读书和睡觉都在一起，不愿分开，在乡里间成为佳话。然而，三姐妹长大各自嫁人后，大姐和二姐两家仍是住在一起，感情和以前一样好，只是小妹嫁到远地，嫁给了一个生意人。

没过几年，小妹的先生似乎生意不顺，负债累累。有一天，小妹回家来，要求父母提前把家产分一分，父母听了差点昏倒，大姐二姐也骂小妹不孝，但小妹又哭又闹说自己本来就应该拿家产，现在她缺钱，提前拿有什么不对？

父母拗不过她，最后答应把家里的田产和不动产，分了三份。小妹又哭闹起来，说应该分成四份，她拿两份，因为大姐二姐都没有负债，先生又都有赚钱和积蓄，而她的老公负债累累，难道全家人都对她见死不救？不怕她老来没有依靠？大姐二姐听了很难过，她们并非在意那些家产，而是心寒小妹何时变得如此现实自私，又不讲道理。然而，小妹仗着父母宠爱她，哭闹之外又绝食抗议，大家只好依了她。小妹拿走了家产后，大姐二姐也开始疏远她，渐渐的和她形同陌路，可以说，她为了家产，斩断了和家人的缘分。

　　这位财主的三女儿，为了满足自己的私利，不断地同自己的亲人闹，结果与亲人走到陌路，斩断了和家人的缘分。这是一种多么得不偿失的无知啊，而这种无知还没有陷入更危险的境地，当今一些大学生的无知，才是最可怕的。

　　某17岁的大学生赚取1.5万元报酬，去卖卵。一次性被取走21颗卵子，取卵手术后导致卵巢重度糜烂。因为连打10天排卵针，原本像鸡蛋那么大的卵巢，通过打针刺激，变得像猪心一样大，导致身体顶不住，慢慢在内部出血，一度休克病危，只能切除子宫保住性命。最终卵巢和子宫都没了。

　　很多女孩子不懂，不把取卵当作一回事，觉得能赚好几万块挺好的。你看，××就卖了，不是好好的嘛，中介都说没事……不了解取卵存在的危害性，稀里糊涂地就卖了。据了解，这种卖卵行为司空见惯。

　　在某都存在由多家中介操控的"卵子黑市"，形成包括体检、取卵、代孕等多环节的黑色产业链。他们瞄准高校，对名校的女生卵子更是出价数万元，有的甚至点名要某某学校的，不是该校的请绕道……越是名牌大学、越是长得漂亮，卵子的价格越高。金钱的诱惑下，很多人铤而走险卖卵。

　　由于不法黑中介的存在，使得卵子捐献市场非常混乱，医生的非专业性、激素的过多摄入、医疗器械的不卫生等等，一些捐赠者最终付出了高昂的代价。有些捐赠者手术后死亡，有的最终不孕，有的引发严重的卵巢疾病，肿瘤比梨子还大。

　　卵巢对于女性来说非常重要，除了排卵、生孩子之外，还能分泌性激素，比如雌性激素、孕激素等。它控制着人体骨骼、免疫、生殖、神经等九大系统40多个部位，维持这些系统、器官的正常功能。据了解，正常的女人一生也就排300~500个卵子，数量是有限的。每来一次月经，就会减少1~2个。随着年龄的增长，数量会越来越少，排卵停止，女人也就绝经了。一般情况下女性22岁以后，卵细胞才完全发育成熟，过早或者频繁"催熟"，很有提早绝经的可能性。那些拿卵卖钱的女生，分明是用钱换自己的早衰。

一家代孕中介曾暗地里说："取卵这种事，全要靠忽悠，危害性怎么能告诉她们呢？"

前有女大学生裸贷，后有年轻女性卖卵，从牺牲色相到牺牲性命。面上看是为了钱而出卖自己的身体，本质上却是无知造的孽。家庭教育缺失，学校监管疏漏，加上没有正确的价值观引导，很容易做出无知的决定。很多年轻的女大学生，用换来的钱买苹果手机、买包、买化妆品……沉浸在享受中，却不知道把自己的幸福甚至生命白白地赔掉。这样的无知是多么可怕！苏格拉底说"知识即德性，无知即罪恶。"你有多无知，就会有多坎坷。你走过的弯路，大多是因无知而付出的代价。那么我们如何才能让自己不无知呢？

首先要遵循人际交往的原则：

（1）充分尊重对方的内心秘密或隐私。

（2）会话交谈时，目光注视对方。

（3）在听到对方的内心秘密后不要把内容泄露给他人。

（4）不在背后批评别人，保住对方的面子。

在遵守以上 4 条原则的基础上注意做好以下几点：

（1）承认"真实的自我"，并将它展示在众人的面前，即老老实实地承认自己反映在别人心目中的形象。心理学研究表明：人们并不喜欢一个各方面都十分完美的人，而恰恰是一个各方面都表现优秀而又有一些小小缺点的人最受欢迎。所以不用太在意自己的缺点，对这点要有足够的信心。

（2）要胸襟豁达，乐于接受他人及自己。当别人取得成绩时，要不失时机地给予赞扬和祝贺。这种赞美的话语会给被赞扬者带来快乐，引起积极的情绪反应。情绪具有传染性，即也会传染给周围的人给周围所有人带来快乐。"快乐"则会消融人际关系的僵局，使人际关系变得融洽。

（3）时时处处站在他人的角度来考虑问题，经常要与别人合作，在取得成绩之后，要与他人共同分享；给他人提供机会，帮助其实现生活目标；当他人遭遇到困难、挫折时，伸出援助之手，给予帮助。

（4）争取多沟通多交流。不要因为大家有些误解而避免交流和沟通，而应主动与大家沟通，参与大家的讨论与活动。只有这样才能更好地了解自己和他人，消除彼此之间的误会，加强相互的理解和信任。

（5）要掌握沟通的技巧。与人沟通时，要注意倾听，倾听的时候，要面带微笑，最好别做其他的事情，并给予表情、手势、点头等方面适当的反馈，特别是当对方有怨气和不满需要发泄时的倾听，更能显示一个人的素质和修养水平；在表达自己思想时，要讲究含蓄、幽默、简洁、生动，给他人提意见、指出错误时，要注意场合，措辞要平和，以免伤及他人自尊心；与他人谈话时要有自我感情的投入，这样才会动之以情。

（6）要抽时间多参与集体活动。这样既可以培养自己多方面的兴趣爱好，以爱好结交朋友，也可以互相交流信息、切磋思想和体会，达到广泛交往与融洽人际关系的目的。

（7）多吸收别人的优点，对他人的缺点，应多加理解和包容。平时对一些生活中出现的鸡毛蒜皮的纠纷，不要太耿耿于怀，该忘的忘，该原谅的原谅，该和解的和解，不要太放在心上。所谓"大事聪明，小事糊涂"，把有限的精力用在做主要的事情上。

# 谦逊者，常有福

做人要懂得谦逊，谦逊能够克服骄矜之态，能够营造良好的人际关系，因为人们所尊敬的是那些谦逊的人，而不是那些爱慕虚荣和自夸的人。谦逊是一种智慧，是人们为人处世的黄金法则。懂得谦逊的人，必将得到人们的尊重，受到世人的敬仰。

谦逊基于力量，高傲基于无能。谦逊行事、尊重他人是一条十分重要的准则。谁遵循这一准则，谁就将有众多的朋友并经常感到幸福；谁违反这条准则，谁就会遭受挫折。

19 世纪 60 年代，在法国巴黎，法朗士等一批文学青年准备创办一份文学刊物，他们写信给大文豪维克多·雨果，请求他写一封回信作为该刊的序言。雨果几天后回了信，青年们打开一看，里面写着："年轻人：我是过去，你们是未来。我是一片树叶，你们是森林。我是一支蜡烛，你们是万道霞光。我是一头牛，你们是朝拜初生耶稣的三博士（指光荣而幸运的人物）。我只是一道小溪，你们是汪洋大海……"看了回信，他们简直不能相信这是雨果写的，后经雨果女友证实确是出自雨果之手，然而，他们担心此信会影响雨果的名誉，没敢发表。

其实，这封信恰恰是雨果谦逊品质的生动体现，它不仅无损大文豪的名誉，还从另一侧面反映了他高尚的品质。

古人说："满招损，谦受益。"学问广博的人，总觉得好像还不充实；学识浅显的人，却急于让人知道自己。不敲击不响的，是朝廷重器黄钟大吕；响声喧闹刺耳的是低劣的陶盆瓦釜发出的声音。匣子里的珍宝，不达千金不会出卖；在市巷叫卖的东西，一文钱就可以买到。

智叟和愚公生活在同一个地方，从小他们就在一起玩耍。智叟看起来非常聪明，很多东西一点就通，过目不忘，智叟为自己的聪明颇为骄傲。而愚公就显得很笨拙，尽管他很用功，但十分的汗水却换不回一分的收获，所以，他常流露出一种自卑。

最后怎么样呢？聪明的智叟自诩是个聪明的人，非常张扬，到处炫耀自己的才智，但他一生业绩平平，没能成就任何一件大事。而自觉很笨的愚公谦虚低调，从各个方面充实自己，一点点地超越自己，在还很年轻的时候便成就了非凡的业绩，成了那个时代的伟大人物之一。

对此，智叟愤愤不平，以至于郁郁而终。他的灵魂飞到了天堂后，质问玉皇大帝："我的聪明才智远远超过了愚公，我应该比他更伟大，可为什么你却让他成了人间的卓越者，而我却终生毫无建树呢？"

玉皇大帝早就在等智叟了，听完他的话，充满同情地说："可怜的智叟啊，你至死都没能弄明白，每个人到世上，都会在他生命的布袋里放同样的东西，只不过我把你的聪明放到了布袋的前面，而愚公的却放在了布袋的后面。你呢？看到或触摸到了自己的聪明而沾沾自喜，到处张扬，骄傲得不得了；而愚公看不到自己的聪明，所以，他显得很谦虚、很低调、很努力，最终取得了骄人成就啊！毁掉你的不是我，是你的骄傲自满啊！"

这个故事给我们一个最大的启示就是：骄傲自满能毁掉生命的卓越，而谦虚低调能挖掘人的潜质。真正聪明的人，他们不但有着实现梦想的能力，更加重要的是，他们绝不停留于自己所表现出的卓越上，而总是用包容之心，去容纳更多的知识。

一位年轻人向哲学家请教问题，话题刚一提起，年轻人就开始滔滔不绝阐述自己的观点，他说得眉飞色舞，神情激昂，哲学家几次想打断他的话，无奈却插不上嘴。于是哲学家不动声色，他提起茶壶向杯子里倒水，眼看水溢了出去，他还在继续倒。年轻人停下来提醒他："水满了呀！"哲学家这才说："你的心中也满满的，我怎能对你有所启发呢？"

山很谦逊，它总是沉默，却造就了壮丽的风景；水很谦逊，它总是向下，却流成了江河湖海。

在秦始皇陵兵马俑博物馆，有一尊被称为"镇馆之宝"的跪射俑。它被誉为兵马俑中的精华，中国古代雕塑艺术的杰作。它左腿蹲曲，右膝跪地，右足竖起，足尖抵地。上身微左侧，双目炯炯，凝视左前方。两手在身体右侧一上一下作持弓弩状。如今，秦兵马俑坑已经出土、清理各种陶俑 1000 多尊，除跪射俑外，皆有不同程度的损坏，需要人工修复。而这尊跪射俑是保存最完整的，仔细观察，就连衣纹、发丝都还清晰可见。

这究竟为何呢？专家告诉我们，这得益于它的低姿态。首先，跪射俑身高只有 1.2 米，而普通立姿兵马俑的身高都在 1.8～1.97 米之间。天塌下来有高个子顶着，兵马俑坑都是地下坑道式土木结构建筑，当棚顶塌陷、土木俱下时，高大的立姿俑首当其冲，低姿的跪射俑受损害就小一些。其次，跪射俑作蹲跪姿，右膝、右足、左足三个支点呈等腰三角形支撑着上体，重心在下，增强了稳定性。其实，处世也是如此，保持谦逊的姿态，能避开无谓的纷争，也能避开意外的伤害，更好地发展自己。

古人常说："谦逊者其实最高贵。"这是因为谦逊是高贵者的通行证，君子懂得谦让，因此行万里也会路途顺畅。小人好争斗，因此还未动步，路就被堵塞。君子能屈能伸，因而受辱时不反击，知道谦让可以战胜对手，因而甘居人下而不犹豫。到最后时，就会转祸为福，让对手知错而成为朋友，使怨仇不传给后人，而美名扬，以至无穷。君子的道行不是很宽宏富足吗？况且君子能忍受细微的嫌隙，因此没有打斗之类的争论。小人不能忍受小忿，结果酿成巨大的耻辱。

当然，比较谦虚谨慎的人一般都带有天生的成分，更多的还是见多识广的缘故。许多人先前是心高气傲的，常以为天下人皆不如己，但在现实中处处碰壁之后，才能体会得更加深刻。这种现实环境不是简单的对错能划分、定义得了的。为了与环境共融，狂妄的人渐渐收敛起自己的个性，变得谦逊宽容起来。但要把谦逊包容与唯唯诺诺、个性软弱区别开来，谦逊宽容是一种处世态度，属于一种收敛型性格，并非心无主见，胆小怕事，而是以退为进或顾全大局的处世策略。

人誉我谦，又增一美；自夸自败，又增一毁。谦逊者，常有福。无论何时何地，我们都应保持一颗谦逊的心，唯有如此，生命才有了一种无法言传的尊严和价值。

# 悦纳自我，坚守自己的沃土

　　我们是否喜欢自己、认同自己、悦纳自己，对于我们的人生有着极其重要的意义。当一个人能够认同自己，悦纳自己时才不会和自己有疏离感，不会自我矛盾冲突不断，才能够和自己建立和谐的关系。处理与自己的关系完全不同于处理与他人的关系。

　　悦纳自己，顾名思义就是愉快的接受自己。不过，这个愉快的接受需要我们一分为二地看待，悦纳自己并不是要敝帚自珍，全盘肯定自己。悦纳自己有两个层面：一、肯定自己的优点；二、正视自己的缺点。

　　拿破仑外出打猎，刚走到一条河，就听到一个落水者在呼救。拿破仑见他在水中扑腾，但却不往岸边来，而是马上举起猎枪瞄准他，说："喂，你要是再呼救，而不向岸边爬，我就开枪打死你。"那人听了，吓得忘记自己不会游泳，使劲用力向岸边游来。经过多次挣扎，那个人终于靠自己的力量爬到岸上。一上岸，他气愤地责问拿破仑："你为什么见死不救，还要开枪打死我？"拿破仑从容答道："我不吓唬你，你自己还不照样在水中淹死。现在你至少懂得：一个人可以自己救自己。"

　　这个故事，可以给我们一些思考：如果不用枪瞄准落水者，那落水者的后果怎样？大家肯定会说，如果岸上的人不去救他，他肯定会淹死——因为他不会游泳。那个落水者一开始为何只在水中扑腾，但却不往岸边来呢？因为他对自己救自己没有自信，他照常人的思维方式去思维：不会游泳，怎么能爬上岸呢？后来又怎么能爬上岸来的呢？拿破仑的枪口激发了他求生的欲望，也激发了他的自信——一定要逃离枪口，否则将被打死，他的本能和自信，使他爬上了岸。这里拿破仑的一句话很有道理"现在你至少懂得：一个人可以自己救自己！"一个人要相信自己的能力，对自己要充满信心.

肯定当下的自己会使你创造奇迹，古往今来，每一个伟大的人物在其生活和事业的旅途中，无不是以坚强的自信为先导。拿破仑就曾宣称："在我的字典中，没有不可能的字眼。"这是何等豪迈的自信。正是因为他的这种自信，激起了无比的智慧和巨大的能力，才使他成为横扫欧洲的一代名将。

所以说，肯定自己才是成功的起点。你的人生能否获得成功取决你是否懂得肯定当下的自己，是否善于发现自己的优点。

其实，只要你勇于展示自己的智慧和风采，懂得肯定当下的自己，你就会发现，你完全没有必要仰视别人。青松有青松的挺拔，梅花有梅花的品格，翠竹有翠竹的清韵。所以，肯定自己，认清自己比注视别人更重要。生活所需的不只是自谦更应有自信。

威廉·詹姆士说："一般人只使用了他心智能力的 10%，大部分人并不了解自己有些什么才能，与我们应该取得的成就相比，其实我们还有一半以上没醒着。我们只用了我们能力的一小部分。人往往活在自己所设的一个有限的空间里，我们拥有各种各样的能力，却不能成功地运用它们。"

所以，即使你现在过的不是很如意，也没有取得什么成就，但只要你用一颗肯定自己的心重新审视自己，你就会发现你拥有一方坚实的土地，拥有属于自己的一切。你虽是沧海一粟，但你的存在，就足以显示你的时代风情。不必追求时尚，更不必追求时髦，你就站在属于自己的位置，不断展示你内心的缤纷世界，给周围以绮丽，给日子以诗意，给空气以清新。

汤尼·布朗是个著名的专业摄影师，作品经常出现在国家的报纸和许多杂志上。他对生活的态度与他的作品一样，影响着很多人。然而他现在乐观、积极的生活态度与他多年前经历的一件事情密切相关。他回忆道："那件事情发生在 20 年前。我的工作不顺利，家庭也有问题。有一天下午 4 点左右，我走在市中心的街上，要去一个客户那儿做简报。突然，我听见一长声喇叭和一个女人的尖叫声，我抬起头看见一辆车正往我面前冲过来。"

"一切仿佛像是慢动作一般，我呆呆地站在那儿，充满恐惧地望着冲向我的车，我脑子快速闪过……完了！我死定了！就在这千钧一发之际，我感觉有人抓住我把我往后猛拉。几乎就只差几厘米了，我甚至还感觉到车子擦过我的外套。差一厘米我就会被撞到了，那肯定必死无疑。我转过身，惊魂未定地看着那个救了我一命的人，是一个矮小的中国老人！"

"我真是被那个意外吓倒了，全身发抖地坐在路旁的椅子上。"布朗先生继续说："那个中国老人也走过来坐在我旁边，还关心地问我伤着没有，我说我还好。""好险！"他说。我说："我知道，谢谢你救了我一命！"我解释说我过马路时有点心不在焉，他说："在我的国度里有一个说法：'安身立命，活在当下！'人的一生不应当时时被烦恼环绕。"

"在那一瞬间，我觉得了我发现了生活的秘密。秘密不是那一刹那，而是'活在那一刹那'。快乐不是花几年、几个月、几个礼拜，甚至几天去找来的，它是从活在当下里面找到的。"

是的，就是要活在当下，把握好今天。相信自己，肯定自己，肯定当下。

只要你认为可以，就是可以！没有什么能阻挡你的步伐。所以，请不要把你自己主动装进世俗的套子里，不要经常拿自己与别人相比，要懂得发现自己的优点，相信你自己总有某一方面达到了别人无法企及的高度。

# 欣赏自己，但不要孤芳自赏

　　每个人都是独特的，有自己特定的优点和不足，学会自我欣赏、自我品评，学会在无人喝彩时能照样前行，而且行得更好，才能肯定自己，相信自己，欣赏自己，才能活出生命的荣耀，让独一无二的自己闪亮起来。不让自己成为别人的从属和附庸，真实地生活在自己的世界里，找到自己快乐的人生。生活中有很多种快乐，但有一种快乐能够让人终生难忘，那就是得到真诚的鼓励和真正的欣赏。鼓励和欣赏可以帮助一个人战胜自我，获得自信，从而更加勇敢地面对生活。

　　一位心理学家做了一个实验，他从一个班的大学生中挑出一个有点丑陋、愚笨且自卑的女孩，随后暗中要求其他同学改变以往对她的看法。学生们按照老师的要求，经常争先恐后地照顾这个女孩，向她献殷勤，陪她说话，并且在心底认定她是最漂亮最聪慧的。结果，不到一年，这个女孩简直变成了另外一个人，在她的身上处处展现出以前不曾有过的美。她自豪地说："我获得了新生。"显然，这种美只有在你欣赏自己且周围的人也都欣赏你的时候才会展现出来。

　　欣赏和鼓励是激励一个人奋发向上、继续努力的无穷动力。人常说：求人不如求己。因此，最简单的让自己快乐起来的方法就是学会自我欣赏，适当地自我宽容、自我鼓励，从点点滴滴的自我完善中获得快乐。欣赏自己的人是自信的人，欣赏自己的人总把自己当成自己最大的敌人，欣赏自己的人总是带着同样欣赏的目光去欣赏别人——只是欣赏，而不是崇拜或者羡慕。于是，很容易使别人的优点变成自己的优点。欣赏自己的人也是更会学习的人。

美国著名的音乐家麦克约瑟说："你自己与自己的心交流，要赞美它，让它感到你对它的赏识，那时候它才向你释放灵感。"是的，我们只有欣赏自己，才能充分发挥自己的潜能。与其站在那里眺望别人的背影，不如坐下来静静地想一想自己走过的每一个坚实的脚印，只要努力寻找，就会发现自己的生活中亦有许多值得骄傲的地方。

欣赏自己，不是鄙视别人的狂妄自大，而是源于对自己生命的珍视和热爱；欣赏自己，不是让自己成为"井底之蛙"，不见更广阔的天空，而是让自己抛弃浮躁后更成熟地走向远方。

一位父亲心情不好时，喜欢在阳台上摆弄他的几株花；儿子心情不好时，则喜欢到阳台上欣赏父亲的花。父亲说在浇花松土、除草施肥的过程中可以得到最好的享受，儿子却认为赏花才是最好的感受。父亲的实验项目被人换了，他沮丧了好几天，闲时就到阳台上种花，儿子心疼父亲的身体，到阳台看他。父亲凝视着花盆里的一株小草，一动也不动。

"爸爸，为什么不把它拔了？"儿子问。

父亲说："它太嫩了，拔了可惜呀！"

儿子觉得好笑，说："一株草有什么可惜的？"

"爸爸，你欣赏这草？"儿子同时又觉得惊诧。

父亲突然回过头来说："不，我是在欣赏我自己。"

"啊！"儿子不禁一愣，一向书生气十足的父亲，说这句话时竟有几分儒雅以外的严厉和坚定。

父亲忽然缓缓地说："我欣赏我自己，因为我和这小草一样坚忍不屈。你看，这花盆里净是些用来固定花苗的瓦砾，小草居然硬是从瓦砾间钻了出来。我也是这样，我的实验项目被人换掉了，但我昨天又递交了参加实验的申请书，我要参加这次我并不拿手的实验，想看看自己的能力。仅仅这一点，就值得自我欣赏。"父亲顿了一下，爱怜地问儿子，"孩子，你欣赏你自己吗？"

儿子又愣住了，欣赏自己，这是何等高深的话题呀！

父亲见他没回答，笑着对他说："欣赏自己，就要发现自己的闪光点，要自信、要乐观。你已经是大人了，应该明白了。"父亲的话很深沉，但儿子听得很入耳，他知道父亲正用深深的父爱浇铸着他的品格、性格和人格。

学会欣赏自己，包容自己，就是要学会欣赏自己的开朗自信，欣赏自己的聪慧大方，欣赏自己的平凡普通，欣赏自己的独一无二。

的确，每个人都是独一无二不可取代的。这个独特的"自己"既有优点，也有不足。一个人只有充分地自我接纳，懂得欣赏自己，包容自己，才能自信地与人交往，出色地发挥自己的才能和潜力。假如一个人不懂得欣赏自己、包容自己，总是以怀疑的、否定的态度看待自己，就有可能限制甚至扼杀自己的创造力。事实上，我们的身边因为自卑自怜、自暴自弃等各种心理原因而造成的悲剧事例已经太多，不但给家人造成痛苦，而且给社会造成损失。当然，就更别说怎样赢得别人的欣赏和肯定。

欣赏自己并不是傲视一切的孤芳自赏，也不是唯我独尊的狂妄不羁。因为它不需要大动干戈的气势，也不需要改头换面的改变，它只属于一种醒悟，一种面对困难时能给予自己信心的源泉，一种推动自己向挫折挑战的动力，也就是自己的包容。

学会欣赏自己，不急于求成，与其好高骛远，不如静下心来，努力做好身边的工作，使平凡的人生焕发出异彩。学会欣赏自己，你就会觉得幸福其实是那么平常，它只是小花落在水面上荡起的微微涟漪，而吃苦也并非那么可怕，它只是波涛拍打礁石而泛起的点点水花，当然这种自我欣赏是一种务实，一种一步一个脚印的跋涉。

# 宽容不仅是释怀，也是善待

人们在日常生活中或在追求事业途中，难免与他人产生摩擦、误会甚至冲突、仇恨，在这种情况下，我们应该保持平和的心态，宽容对待。宽容，是一种思想修养、一种境界、一种美德。宽容，说到底是一种心态，是一种不苛求、不极端、不任性的健康心理。生活中，能得到别人宽容，你是幸福的；能宽容别人，你是善良的。宽容，最重要的因素，那就是爱心。宽容伤害过你的人，并不容易，然而，一旦你这样做了，就会从中体味到宽容带给你的快乐。

公共关系专家告诉我们："面对千差万别的现实世界，宽容是我们现代人适应时代社会的必备素质，是我们的必然选择。对于所谓'异己'，在不涉及大是大非的前提下，不要打击、贬抑、排斥或者将其置之死地而后快，这样做只能给自己徒添烦恼。而是应当学会宽宥、包容、赞美，与其和谐相处。只要你生存在这个世上，你就没有办法逃避如何对待'异己'的问题。"概而言之，就是我国古话所说："冤家宜解不宜结"。

美国南北战争期间，为了取悦一些自私自利的政客，林肯签署了一次调动兵团的命令。国防部长爱德华·斯坦顿非常生气，不但拒绝执行林肯的命令，而且还发出愤怒的言辞。有人告诉林肯，说斯坦顿曾在背后骂他是"该死的傻瓜"。

受到如此的侮辱，岂料林肯总统非但没有表现出对国防部长的一丝怀疑和怪罪，相反心平气和地说道："如果斯坦顿对我的评价是一个'该死的傻瓜'，那么很可能我就像他所说的那样。我深知他的为人，办起事来也十分认真，而且所说之话十有八九都是正确的。我会去跟他谈一谈。"

林肯真的去拜访了斯坦顿。斯坦顿指出他这项命令是错误的，林肯便就此收回成命。同时，斯坦顿也深受感动，觉得自己言辞确有过激之处，并主动向林肯表示了他的歉意。

冤家宜解不宜结。如果不幸结了冤家，那么你应当及时通过各种途径以化解这段恩怨，譬如请双方都比较认同的第三方出面沟通。最重要的是要有主动化解恩怨的意识，必要时自己要亲自出面，主动伸出橄榄枝，须知我国还有句古话："解铃还须需系铃人。"同样还是美国总统之间的故事。

美国第三任总统杰弗逊与第二任总统亚当斯从交恶到宽恕就是一个生动的例子。杰弗逊在就任前夕到白宫去想告诉亚当斯，希望针锋相对的竞选活动并没有破坏他们之间的友情，但杰弗逊未来得及开口，亚当斯便又咆哮起来："是你把我赶走的！"二人的友情自此破裂，中止交往达 11 年之久。直到后来杰弗逊的几个邻居探访亚当斯，这个坚强的老人仍在诉说那件难堪的往事，但接着冲口而说出："我一向都喜欢杰弗逊，现在仍然喜欢他。"邻居把这话传给了杰弗逊。杰弗逊也不计前嫌，主动请了一位彼此皆熟的朋友传话，让亚当斯也知道了他的心里话。后来亚当斯回了一封信给他，两人从此开始了美国历史上也许是最伟大的书信往来。

在为人处世中，我们要多栽花，少生刺，多交友，少树敌，广伸援手，不结怨仇。不止及时化解对发生在自己身上的恩怨，对于发生在我们身边，发生在亲朋熟人之间的恩怨，我们也应当及时伸出橄榄枝，为他人搭起和平相处之桥。如此，我们的人际关系网才会越织越密实，心胸也会变得更加广阔，更为宽容平和，面前的道路也会越走越广阔。

有一家公司的部门经理赵先生最喜欢的娱乐活动就是国际象棋，常和业务部的主管明然一起切磋，每每棋逢对手，难分输赢。

这一天，赵经理觉得明然的棋艺大有长进，走出了许多新的招数，自己从来没见过，自然招架不住，竟连败两局。败了也就算了，还败得惨不忍睹！回到家里，那两场凶险局势还在脑海折腾，不禁越想越气："这明然平素直言直语，好像并没有把自己放在眼里。哼，不杀杀他的威风，我的形象还怎么维持？"于是便找到人事部的王新，让他随便找一个理由把明然炒掉。原来，明然不懂得逢迎和讨好，又喜欢逞强，把最近学的新招数一股脑儿地都用上了，而且想试试其威力，便只顾勇猛厮杀，全然忘了坐在自己对面的是部门经理。王新平时也和经理一起下过棋，自然知道经理下棋的品性，估摸着事情也由此而来。王新没有表示出自己内心的反对，只是点了点头忙自己的事去了。

周末过去了，赵经理自己觉得自己的做法甚是无理，便试着问王新说："明然的事你处理得怎么样了？"

"哦！最近员工培训的事有点忙，如果你确定那样做对公司有好处，我会尽快处理……"

见王新还没有行动，赵经理正好顺水推舟，作罢了事。为了避免这种事情不再发生，王新还是婉转地提醒明然说："下次，你别把赵经理的老帅逼得太惨了；要是惹恼了他，他也会逼你的，毕竟他是我们的'帅'呢！"

"哦，那是，那是！多谢你的提醒。"明然忙不迭地点头。

简简单单一句玩笑话，明然便明白了其中的意味。从此以后，赵经理觉得王新善解人意，值得信任，而明然自然也认为王新很够朋友，对他感恩戴德。

如果王新真的按部门经理起初的交代去做，把明然开除了，不单直接得罪了明然，恐怕赵经理日后觉得心中有愧时，也会埋怨王新不会做事，没有及时给以必要的提醒。王新一不直接反对，二冷静拖延，三婉转提醒，这样才没有让赵经理在一时冲动之下酿成大错，同时又含蓄地让明然明白了自己的"罪过"，不引人生怨，不与人结仇，巧妙地化解他人之间的恩怨。

即便是自己真正的对手，我们也要懂得谅解与宽恕，而不必将彼此之间的关系弄得极为僵硬，针锋而对。真正有为的人士大都懂得宽恕之道，即便是与对手争锋之时，他们也知道对敌人宽容。那不是无奈，那是一种巨大的力量！

尊重对手，宽恕对手，首先是一种人与人之间道义的表现。古时候战场上两军对阵的将军，都懂得"各为其主"的道理，一般也会尊重自己的对手，而不将对手赶绝杀尽，有时候不得不杀了对手，也多会将其厚葬。在现代社会，在你的事业之路上，你的竞争对手始终是存在的。但双方作为彼此"对手"的存在，也不过是"各为其事"，不应结下过多的私人恩怨，以至于使得日后的生活也不得安宁。

其次，尊重对手，宽恕对手，也是自己事业发展的需要。对手的存在不单证明你本人存在的价值，同时也是互相竞争互相刺激发展的一支重要力量。一个真正相配的对手，是一种非常难得的资源。没有对手的英雄是孤独的，没有敌人的将军也是慵懒而颓废的，甚至于可能自己败在自己手上。在此意义上，人们常常可见"惺惺惜惺惺，英雄重英雄"的情况。对手会给我们带来数不尽的挑战，也许你会厌恶这些挑战，但事实上，放开胸襟，正面较量，才是自信的表现。能够宽恕对手者，能够极大地显示自己的自信与宽阔的胸襟，不仅会赢得对手的尊重与好感，还会赢得其他人士的尊重与好感。而那些不懂得尊重对手和宽恕对手的人，自然也难以赢得对手的尊重与好感，更难以赢得其他人士的尊重与好感，最终将自己置于孤立无援的境地。

宽容是对他人失误的容忍，是对他人伤害的忘却。宽容不仅是一种释怀，也是对自己的善待。如果不宽恕而只是结下冤仇，只是去伤害对手，只能导致"冤冤相报，难有了时"的恶性循环。同时，不肯宽恕他人的人，还会使自己的心胸变得越来越狭窄，变得多心多疑，失去平和与安宁。而一旦宽恕他人之后，他们就会在心灵上获得一次巨大的超越，变得宽容、自信、心灵坦然，舒适安宁，从而获得心灵的净化。

# 如果有冲突，宽容了就风轻云淡了

我们都曾有过这般经历：朋友的一些言语做法，伤害到了自己；家人、同事的误会让自己苦恼；竞争对手对自己的打击；等等。我们面对伤害，往往最直接的反应就是怨恨，对不如愿的事耿耿于怀，然而这样并没有使我们快乐，反而让我们痛苦，不开心，心中常常郁闷。怨恨使我们总是背负着别人错误的包袱不能扔下，而影响了自己审视将来的快乐和幸福。

在大千世界里，每个人都难免会有与人发生碰撞的时候。此时，是针锋相对，还是微微一笑，点头而过呢？哲学家说过，堵住痛苦回忆的激流的唯一方法就是宽恕。两个人越是对手，就越会有许多相似的地方，只是大家追求的不同。

美国第十六任总统亚伯拉罕·林肯出身于鞋匠家庭。当时的美国社会非常注重出身。在竞选总统之前，有一次他在参议院演讲，遭到一位参议员的羞辱："林肯先生，在你开始演讲之前，我希望你记住，你是一个鞋匠的儿子。"

这位参议员就是要打击林肯的自尊心，让他退出此次竞选。这时，参议院陷入了沉默，所有的人都看着林肯。

林肯从容地说："非常感谢你让我想起我的父亲，他已经过世了。但我会永远记住你的忠告，我知道我做总统无法像我父亲那样，他是一位很好的鞋匠。"顿时，参议院响起热烈的掌声。

林肯回过头，对那个无礼的参议员说："据我所知，我父亲以前也为你的家人做过鞋子，如果你觉得鞋子不合脚，我可以帮你修正它。虽然我不是一个伟大的鞋匠，但我从小就跟着父亲，我也懂点做鞋子的技术。"

然后，他又对所有的参议员说："对参议院的任何人都一样，如果你们脚上的那双鞋是我父亲做的，而它们需要修理，我一定会帮忙。但是，有一件事是肯定的，我无法像我父亲那样伟大，因为他的手艺是无人能及的。"

说到这里，他流下了眼泪，所有的嘲笑都化为真诚的掌声。

有人批评林肯对政敌的态度，觉得应当打击他们，消灭他们。林肯却说："难道我不是在消灭政敌吗？当我使他们成为我的朋友时，政敌就不存在了。"

的确如此，如果一心只想着报复，只会让对立的情绪更深，怨恨会越积越多。退一步讲，就算在报复中一方占了上风，过些日子，恐怕也会为一时的鲁莽而悔恨，而化敌为友是制止报复的明智办法。

世界千变万化，丰富多彩，每个人都需要宽容，也都需要朋友。宽容了一个人，就多了一座可供沟通的桥梁；多一个朋友，就会在人生的旅途上多条路。

唐朝的李靖，曾任隋炀帝的郡丞，最早发现李渊有图谋天下之意，亲自向隋炀帝检举揭发，李渊灭隋后要杀李靖，李世民反对，再三强求保他一命。后来，李靖驰骋疆场，百战不疲，安邦定国，为唐朝立下赫赫战功；魏征曾鼓动李建成杀掉李世民。李世民同样不记旧怨，量才重用，使魏征觉得"喜逢知己之主，竭其力用"，也为唐王朝立下了丰功。

王安石当宰相的时候，因为苏东坡与他政见不合，便借故将苏东坡降职贬官到了黄州，但是，苏东坡胸怀大度，根本没把这事放在心上，更不念旧恶。王安石被降职后，两人的关系反倒好了起来，他不断写信给隐居金陵的王安石，或互叙友情，互相勉力，或讨论学问，十分投机。

宽恕别人，忘记过错，才能心理平衡、解放自己。你学会了宽恕，你的责怪、怨恨、愤怒也就没有了。宽恕就是消除责怪、怨恨、愤怒的良药。

在日常生活和工作中，要想做到宽恕别人，首先要承认自己的不对之处。不要总害怕承认自己的不对，以为这样别人就会看不起自己。其实，真正有能力的人是勇于承认自己的不对之处的。即使你的对手表达的意思与你不同，但是，对方提出的正确看法，你也应该乐于接受。当然，这并不意味着你要举手投降。你应该考虑的是对方所说的话中包含的信息，而不是说话的人。而且，承认自己错了，常常能够带来让对方闭嘴的好处。

还有一点就是让你的对手知道你非常需要他，它能在很大程度上激发对方的积极性。这样做其实是利用一种接纳，来抬高对方的自尊，对方一高兴，就可以避免把问题激化，尽可能减少或消除将来的敌对怨恨。

人与人交往过程中，难免会发生矛盾，产生冲突。当冲突到来时，在怒火的支配下以牙还牙，只会给我们的人生带来阴影；反之，如果我们在冲突中能够控制住自己的怒火，那么冲突或许会给我们带来收获。面对冲突，一颗包容的心总能经得起怒火的焚烧，闪现出金子一般的光芒。用包容的心去驾驭怒火，你将能够在冲突中化敌为友，化阴霾为阳光。

人心如杯，旧茶不去，新茶无法注入。学会遗忘学会宽恕，不为是非、琐屑而累；不被名利、仇恨缠身；眼里没有过去，只有未来。

# 有亏吃，也有福报

人生三福：平安是福，健康是福，吃亏是福。吃亏是福，这是老祖宗留下的一句深入民心，流传甚久的古训了，但现在的人们都特聪明，谁还愿意吃亏呢？吃亏是福关键在于心，在于不计较小小得失。

石崇是晋朝著名的大财主，他官至卫尉，富可敌国。有个叫孙秀的高官曾几次暗示要石崇贡献些财富，石崇却故意不理，装聋作哑，孙秀为此愤恨不已。石崇有一爱妾名叫绿珠，美貌异常，孙秀就向石崇索要绿珠，石崇断然拒绝，孙秀于是更加嫉恨石崇。

后来淮南王司马允犯了事儿，孙秀主抓此案，乘机诬陷石崇跟司马允一起作乱，把石崇的外甥欧阳建等人一并收进了监狱。石崇长叹一声："那些家伙是看上了我的财产啊！"执行的人于是问他："知道如此，你何不把它们送人？"石崇无言以对。不久石崇就被正法，家产也全部被查封。

石崇因为不愿意吃亏，最终吃了个大亏。在生活中不懂得吃亏，就不能完美地领悟人生；不懂吃亏，就不会有事业上的壮丽辉煌。相反，能吃得了亏的人往往能打开珍藏在心中的宝藏。

有一个优秀的大学生，毕业后进入出版社做编辑，他的文笔很好，因此这份工作对于他来说犹如探囊取物般轻松。当时社里的大学生还很少，而他并没有因此而骄傲，总是非常认真、虚心地向每一个老同志学习。

那时出版社正在进行一套丛书的编辑，每个人都很忙，但领导并没有增加人手的打算，于是编辑部的人也被派到发行部、业务部帮忙。有些人去一两次就开始抗议，因为大家觉得实在是不适合做那些琐碎的小事，于是都拒绝再去帮忙，整个编辑部只有那个大学生肯接受领导的指派，他说："吃亏就是占便宜嘛！"

但是没有一个人能看出他有什么便宜可占，因为他要帮忙包书、送书，像个苦力工一样！让人可随意指使，后来他又去业务部，参与直销的工作，此外，连取稿、跑印刷厂、邮寄……只要开口要求，他都乐意帮忙！"反正吃亏就是占便宜嘛"！他这么说。编辑部里的人都开始嘲笑他，甚至有人还肆无忌惮地将自己手中的任务交给他来完成。可他也没有拒绝的意思。

就这样过了两年，他觉得自己积累得差不多了，就自己成立了一家出版公司，做得非常好。因为他在吃亏的时候把一家出版社的编辑、发行、直销等工作摸得一清二楚。他真的是占了便宜啊！难能可贵的是，他现在仍然抱着这样态度做事，对作者，他用吃亏来换取作者的信任；对员工，他用吃亏来换取他们的积极性；对印刷厂，他用吃亏来换取品质……

吃亏就是占便宜！多做一点，赢得更多。尤其是年轻人更应该记住这一点。这是你积累工作经验，提高自己做事能力，扩大人际关系网络的最好办法。如果样样都想占便宜，那最后一定会吃亏，而且还可能吃大亏。

那些把不可以吃亏、不可以受人欺负当作做人的头一条的人，可以在课堂上扔书和教授吵架；可以在旅行时为一点点小利和小贩争执；有一点点不顺心就想到要离开公司，大不了重新开始；对待感情，下意识地总要他对我比我对他好，感情倘若是秤，绞尽脑汁总要他用七分我用三，最多六四分已经觉得投入太多，心里的小闹钟时刻反复提醒自己：不可以吃亏！但时过境迁，这些人重新想起自己尽力不吃亏的那些事时，却总是发现一切其实可以找到更好的方式。因为和教授吵架的后果是那门课最终没有拿到好的分数；旅行时的愤怒冲淡了快乐；愤然离职后是心情平复后长时间的后悔；至于感情，总是计较得失，却失多得少。

吃亏是福是一种为人的艺术。纵观历史，凡事都愿意自己吃一点亏而利于别人，甚至宁可委屈自己，也不愿委屈别人的人，大都会得到众人的尊重和敬仰。吃亏是一种境界，是一种超越普通人思维的境界。历史上的很多人，正是因为不怕吃亏，才成为叱咤风云、流芳百世的人物。

水泊梁山上的老大宋江自己并没有什么武艺，却坐上了梁山的头把交椅，凭什么？按理说，宋江貌不惊人，论文不能吟诗作赋，讲武不能上马提枪，这样一个人却将梁山一干好汉治得服服帖帖，原因很简单：宋江这样的领导人不会让大家吃亏。宋江江湖人称"及时雨"，他总是在关键时刻扶贫济困，救人危难，因此深得人心。

人与人相处，如果一个人从来不吃亏，只知道占便宜，到最后，他很可能成为孤家寡人，谁愿意与一个一打交道就想占便宜的人交往呢？相反，一个能吃亏的人，别人与他打交道就会放心，就会愿意与他交往，因为不用担心哪一次会被他算计了。

愿意吃点亏，在工作之余，为亲人，为朋友，为同事，为单位，为公司，甚至为素不相识的人做些力所能及的事情，有时只是举手之劳，有时可能花费点时间，有时也可能在经济上会有点小小的损失，但是，你可能得到亲朋好友、同事、领导，乃至社会的亲近、尊重、赞扬，那可不是金钱能买来的！这就是"吃亏是福"的内涵。有了这些，在你遇到困难的时候，也会有人宁愿自己"吃亏"也要帮助你度过难关。所谓"吉人自有天相"，不是别的，就是人心甘情愿"吃亏"而积了德！

有个老板，没有背景，也没有文化，但生意却做得好得出奇，而且历经多年，长盛不衰。说起来他的秘诀也很简单，就是与每个合作者分利的时候，他都只拿小头，把大头让给对方。如此一来，凡是与他有过一次合作的人，都愿意与他继续合作，而且还会介绍一些朋友，再扩大到朋友的朋友，也都成了他的客户。人人都说他好，因为他只拿小头，但所有人的小头集中起来，就成了最大的大头，他才是真正的赢家。

吃亏是福，因为人都有趋利的本性，你吃点亏，让别人得利，赢得别人的信任，就能最大限度地调动他们的积极性，使你的事业兴旺发达。吃亏，无非是自己作点谦让，无非是自己作点牺牲，失去的大多是物质的和暂时的。如果我们能够坦然处之，不去计较这些，在所谓的"吃亏"之后，就会得到人们更多的理解和尊重，既培养了自己的宽厚与大度，还构筑了属于自己的人脉。这样的好事，何乐不为？

东汉时期，有一个名叫甄宇的在朝官吏，时任太学博士。他为人忠厚，遇事谦让。

有一次，皇上把一群外番进贡的活羊赐给了在朝的官吏，要他们每人分一只。

在分配活羊时，负责分羊的官吏觉得十分为难，因为这群羊大小不一，肥瘦不均，他不知道怎么分才能使群臣没有异议。

这时，大臣们纷纷献计献策：

有人说："把羊全部杀掉吧，然后肥瘦搭配，人均一份。"

也有人说："干脆抓阄分羊，好不好全凭运气。"

就在大家七嘴八舌争论不休时，甄宇站出来说道："分只羊不是很简单吗？依我看，大家随便牵一只羊不就可以了吗？"说着，他就牵了一只最瘦小的羊走了。

其他的大臣看到甄宇牵了最瘦小的羊走，也不好意思专牵最肥壮的羊，于是，大家都拣最小的羊牵，很快，羊都被牵光了。每个人都没有怨言。

后来，这事传到了光武帝耳中，甄宇因此得了"瘦羊博士"美誉，称颂朝野。

不久，在群臣的推举下，甄宇又被朝廷提拔为太学博士之首。

从表面上看，甄宇牵走了小羊吃了亏，但是，他却得到了群臣的拥戴，皇上的器重。实际上，甄宇是得了大便宜。故意吃亏不是亏，而是有着深谋远虑的精明之举。吃小亏占大便宜，古今亦然。

有时看似一件很吃亏的事，往往会变成非常有利的事。在利益分配面前，有人暂时吃亏，有人偶尔得利，这是正常现象，如果吃点小亏就耿耿于怀，不仅伤心伤神，浪费时间，更影响了自己的形象。那些不计较得失，坦然面对，甚至主动自找亏吃的人，是不会永远吃亏的，相反，会赢得公道，赢得人心。

吃亏是福。人在一辈子中需要学会忍受许多，要宽以待人，要得饶人处且饶人。不要过于斤斤计较，该放弃的必须放弃。任何一个有作为的人都是在不断吃亏中成熟和成长起来的。在这个过程中，他们变得更加聪明富有智慧。

# 真诚不欺心

　　真诚，犹如一潭幽深的水，淡泊、宁静、圣洁而美丽。真诚犹如一杯香气扑鼻的酒，醇厚、甜美。所以，真诚的心就像阳光雨露一般，能够温暖人心，净化心灵。诚于其中，必能形于外。真诚的内心纯净而无染，表现于外则是真实不虚、率真自然。这样，必将心情坦荡、正直无私。

　　诚是中国古人是最基本的人生信条之一，是学习、立业、为人处世的根本准则。上至达官贵人，下至平民百姓，留下了许多关于真诚的故事。我们要做一个真诚的人，真诚的作用广大无边，以诚学习，则无事不克，以诚立业则无业不兴。一个真诚的人，能够让人从心底感受到他的真诚，他也能获得别人的尊重；一个真诚的人，能够广结善缘并能够缔造幸福美满的人生，拥有快乐。

　　在人生的经历中，需要社会上很多人的帮助和支持，而彼此之间是建立在诚实信用基础上的。拥有信用的人，相当拥有一笔无形的财富，而不讲信用的人，也终将被人抛弃，变得一无所有。

　　这是两个真实故事。巴黎公社起义失败后，一位 16 岁的少年要被处死。由一名军官和 12 名枪手执行。这个少年临被枪决时，对监刑官说，我母亲在附近，她很穷，我这里有一块金表，能不能让我先把金表送给她，再回来受死。这位监刑官正好也有一个年少的儿子，他答应了少年的请求，心想，一个毛孩子，放了就放了吧。望着少年跑走的背影，所有的人都坚信，他肯定一去不复返了。

谁知，一刻钟后少年回来了，他对军官说，谢谢你先生，表送到了，现在可以了，来吧。整个杀人刑场一片死寂，军官愣了很久，才缓缓地艰难地抬起手臂，跟着，12支步枪颤抖地举起来……

我们再来看另一个故事：

弗莱明是苏格兰一个穷苦的农民。有一天，他救起一个掉到深水沟里的孩子。第二天，弗来明家来了一位气质高雅的绅士。见到弗莱明，绅士说："我是昨天被你救起的孩子的父亲，我今天特地过来给你钱财向你表示感谢。"

弗莱明回答："我不能因救起你的孩子就接受报酬。"

正在两人说话之际，弗莱明的儿子从外面回来了。绅士问道："他是你的儿子吗？"农民不无自豪的回答："是的。"绅士说："我们签一个协议，我带走你的儿子，并让他接受最好的教育，如果这个孩子能像你一样真诚，那他将来一定会成为让你自豪的人。"弗莱明答应签下这个协议。

数年后，他的儿子从圣玛利亚医学院毕业，发明了抗菌药物盘尼西林，一举成为天下闻名的亚历山大·弗莱明爵士。

有一年，绅士的儿子，也就是被弗莱明从深沟里救起来的那个孩子染上了肺炎，是谁将他从死亡的边缘来了回来？是亚历山大·弗莱明爵士发明的盘尼西林！

那个气质高雅的人是谁呢？他是二战前英国上议院议员老丘吉尔，绅士的儿子是谁呢？他是英国著名首相丘吉尔。

本杰明·富兰克林曾说过的，一个人种下什么种子，就会收获什么果实。

做了一件真诚的事就会收获一个真诚的回报，心眼实的人，才能让人感觉踏实、珍惜、真切。

2017年3月8日，扬子晚报《撞伤人，骑车小伙诚恳致歉老人婉拒赔偿："诚信比金钱更珍贵"》报道讲述了老人被撞后，城管爱心救人，次日肇事者提出赔偿却被老人婉拒的感人故事。连日来，该报道受到新华网、人民网、腾讯新

154

闻等众多门户网站的关注，网友纷纷点赞。

2017 年 3 月 5 日，连云港市海州区七旬老人戴志霞带着小孙子回家时，被一名青年男子骑车撞倒在地受伤。肇事小伙子当时真诚地道歉，称自己骑着电动车速度较快，为了躲前方的出租车才无意撞到正在走路的祖孙俩。肇事小伙诚实守信，连云港市城管行政执法支队海州二大队队员第一时间将老人送往医院救治。事发第二天一早，肇事小伙子为戴志霞送去 1000 元赔偿金。戴志霞的老伴万道理婉拒了这笔钱，"孩子，这笔钱你拿回去吧！诚信比金钱更为珍贵。"

做事不欺心，才能保持内心的安宁和生命的清澈，这样活着本身就是一种受益，一种愉悦。我深信，做事不欺心的人，更容易保有欣赏世界的好心情，更容易品出生活的好滋味。做了一件真诚的事就会收获一个真诚的回报，心眼实的人，才能让人感觉踏实、珍惜、真切。学会做一个真诚的人，世界都变亮了。

# 适可而止，见好就收

都说认真的人最可爱，认真能让工作变得出色，能让生活变得精致，也能让人生变得幸福和充实，认真的态度是每个人都需要的，不管是在工作中还是生活里。生活中，那些认真的人总是因为做事细致，为人正派较受人们喜欢。然而，我们却看到不少人认真得近乎偏执，对自己苛求过多，导致人生过于沉重。而这样的人总会背上沉重的十字架，无法享受当下生活的幸福。

其实，生活应该适可而止，见好就收，不过分苛求自己的人才能活的快乐，幸福。任何事情都会"过犹不及"，懂得"八分"哲学的人才能拥有更多的快乐。所以，不要过分地追求人生的高度，既然你不能成为第一，那就坦然充当第二；不能拥有伟大，就甘愿静守平凡，用轻松的人生规则主宰自己的快乐又有何不可呢？

大千世界，万种诱惑，什么都想要，会累死你，该放就放，见好就收，你会轻松快乐一生。贪婪的人往往很容易被事物的表面现象迷惑，甚至难以自拔，时过境迁，后悔晚矣！所以在生活中，我们应该学习那个懂得见好就收的农夫，而不是贪心不足的商人。

其实，人活一世，凡事都不能太苛求，都应有度，要不然就会乐不可及，或乐极生悲；欲不可纵，纵欲成灾；酒饮微醉处，花看半开时……那么，我们要怎样才能做到适可而止呢？适可而止，关键在于把握一个度，让一切恰到好处，不多也不少。当然这个度的把握也很微妙，需要我们在生活中体会。

在生活有，人们可处处见到"洁癖"的人。他们在生活中讲卫生是个良好的卫生习惯，只是有"洁癖"的人不知道适可而止，比如每天下班回家都要把里里外外的衣服换下来，还要放在消毒液中浸泡清洗；担心放在办公室的杯子会成为传染源，于是就频繁更换杯子；即使只有自己或家人乘坐的私家车，每天也要用消毒液擦个遍……可是，医学专家认为，过分的消毒卫生措施是没有必要的，这样不仅起不到预期的效果，还会给人们在时间、精力上带来很大负担。不但他们自己累，也让身边的人很累。

及时享受当下的生活，掌握适可而止的艺术，最主要的是在对待财富的问题上持有适可而止的态度。俗话说，贪心图发财，短命多祸灾。不懂得适可而止，终究是要吃大亏的。有多少人因为贪心发财，不懂得适可而止，甚至不惜触犯法律，最终招来牢狱之灾。例如黄光裕，这位曾经国美的掌舵人，缔造了一个个神话，也为社会创造了大量的财富，他个人也因为其对国美的贡献而收获颇丰。只是他却没有掌握人生的"八分"哲学，不懂得适可而止，最终走上了一条让自己后悔、让旁人唏嘘的道路。

是啊，人心不足蛇吞象，要没有学会适可而止，做事贪得无厌，最终自己会毁在无尽的贪欲上面。要知道，贪欲跟烦恼和失败是成正比的。

有一个寓言故事真的值得我们深思。有一个人穷困潦倒得连床也买不起，家徒四壁，只有一张长凳，他每天晚上就在长凳上睡觉。他向佛祖祈祷能给他一个发财的机会，佛祖看他可怜，就给了他一个装钱的口袋，说："这个袋子里有一个金币，当你把它拿出来以后，里面又会有一个金币，但是只有当你把这个钱袋归还给我后才能使用这些钱。"

那个穷人就不断地往外拿金币，整整一个晚上没有合眼，地上到处都是金币，他这一辈子就是什么也不做，这些钱也足够他花了。但每次当他决心归还那个钱袋的时候，都舍不得。于是他就不吃不喝地一直往外拿着金币，直到屋子里全堆满了金币。

可是他还是对自己说："我不能归还钱袋，钱还在源源不断地出，还应该多一些钱才好！"到最后，结局可想而知，他虚弱得没有了一丝力气，终于死在了钱袋的旁边，屋子里装的都是金币。

人生虽然没有财富是不行的，但如果过度的追求财富就会使我们迷失生活的方向。凡事适可而止，才能把握好自己的人生方向。适可而止就是要选择在最为合适最为有利的时机，立即停止所做的事情，以达到最佳的效果。在工作和生活中要掌握适度的原则，注意分寸和火候，做到"心中有数"，才能成为生活的高手。

生活中的我们都需要懂得适可而止，见好就收，也这样的人生才能在股市炒股中，掌握行情变化，适可而止地将手持股票抛进抛出，才会获得较好的回报；在商场谈判中，根据实际情况，适可而止，也会达到较为理想的效果，增强谈判的成功率；在朋友交往、待人接物中，做到适可而止，可以维持和增进友谊。

第6章

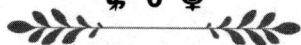

生活没有过不去的坎

# 不要因匆匆的脚步让自已狼狈不堪

现在生活节奏越来越快，生活在这种环境下的男男女女不自觉就地陷入一种境地，在忙碌中似乎失去了自我，无形地给自己制造了不安全。在这个互联网时代，人们不管是在行走中，还是乘车或是在公司上班的闲暇时，都会无时无刻地沉浸于其中。你要说谁谁是自虐狂，谁都不会承认。可是看吧，昼夜不分的地球，越来越多的人迷恋夜生活；正常的一日三餐已经成了大问题，作息也变得混乱不堪；为了追求美丽动人，未达时令就急不可待地让自己身上的衣服变得越来越单薄。自虐狂已经形成一个强大的群体，他们把自己的健康抛得远远得。看看下面的这些实例吧：

2016 年 10 月 5 日晚，春雨医生创始人兼 CEO 张锐先生，因突发心肌梗死，在北京去世，享年 44 岁。

2015 年 3 月，中山大学毕业生，刚刚加入百度才 4 个月的程序员林涛海因为连续工作 48 小时，而猝死在睡梦中，再也没有醒过来。工作固然主要，可是身体才是革命的本钱。

2014 年 5 月 16 日，广州日报报业集团党委书记、管委会主任，广州日报社社长，广州传媒控股有限公司临时党委书记、董事长，广东广州日报传媒股份有限公司董事长汤应武同志因突发心脏病抢救无效，不幸逝世，享年 50 岁。

2013 年 12 月 30 日下午，华南师范大学增城学院计算机系的大三男生罗桂彬突然猝死在宿舍的电脑前，死因不明。根据罗桂彬宿舍同学反映，罗桂彬近期比较晚睡，2013 年 12 月 28 日、29 日玩游戏到深夜 3 点才睡觉。2013 年 12 月 30 日，罗桂彬在深夜 1 点左右才上床，但到了 3 点左右，有舍友看到阿彬仍未睡觉，还在用手机看小说。

2012 年 11 月 27 日，广东工业大学信息学院一名陈姓男生被发现猝死于宿舍当中。事发当天 7 时，同宿舍同学发现小陈无法叫醒，并出现抽搐症状，随即拨打 120，但最终小陈还是抢救无效死亡。小陈的同学说，他在电信专业读大三，今年刚满 21 岁。小陈是不太爱运动的"宅男"，平常睡觉的时间都在深夜 1 点至 2 点间。

2012 年 11 月，成都大学学生张炳强参加校园活动时猝死，生前他曾在网上留言："10 天 4 个半通宵顺利完成作业。"

2012 年 9 月，金山集团旗下游戏团队"西山居"一名网站运营维护人员猝死，年仅 25 岁。金山员工猝死的消息传到游戏行业后，一家游戏公司的员工评论："游戏公司压力太大，谁不信可以上网查查，这是近几年游戏行业第几起猝死的悲剧了。"

2012 年 7 月，本将于 10 月结婚、年仅 24 岁的杭州 4 钻网店女店主"艾珺"因为过于劳累在睡梦中猝死。

2012 年 6 月，烟台某高校 20 岁女生欢欢猝死，她因为考研跟找工作的压力，猝死前两个月长期熬夜。

……

这是多么触目惊心！也许我们会感觉到猝死离我们很远，但它的确是一个幽灵，一直在现代社会调节奏的生活中游荡，很多年轻的生命就这样不甘心地消失在人世间。无可厚非，人在一生中，当然理想要有，干劲也要有，却往往忽略了，承载这一切的是人的生命。没有这个最基本的载体，一切又有何意义？所以要拼搏，要努力，一定要掌握好最起码的生理承受度。

而且人们生活在这个时代是非常幸运的，在这个现代化日益发达的今天，人们的生活水平飞速地提高，在这个物质丰富，科技发达的世间让人能够享受的东西太多了，有何理由去虐待自己，而不去享受这份幸运呢？切不可因为一时的冲动而让自己变成一个"傻子"。其实善待自己，减少做那些毫无价值可言的事情就可以让一切得以延续，一定要从意识中时时刻刻提醒自己：我不但要创造生活，也要享受生活。

人们的不安全感不仅体现在自虐方面，而且还体现在猜疑中，首先让人想到的应该是曹操，作为一个政治家、军事家，多疑给他的人生带来了许多的失败。

我们读《三国演义》时曾看到过这样的一个故事：曹操在晚年后患一种头痛病，当时华佗想了个给他做开颅手术的方法，以根治他的这种病症。可是多疑的曹操却认为华佗是害他，不顾谋臣荀彧的劝阻，给华佗治罪并处死。华佗的死亡，不仅对于曹操，乃至于历史都是一个很大的遗憾，他的"麻沸散"和他精湛的外科手术就此失传，而且华佗死后，曹操一直头疼难忍，却不承认处死华佗有多么不明智。只到他失去自己的爱子曹冲才会痛心地悔道："吾悔杀华佗，令此儿强死也。"可是这有什么用呢？人已经死了，失去的是不可再复得的，如果他不把华佗处死，起码他自己也不会只活到60几岁而含恨而亡。他的多疑不仅是毁了华佗，也同时毁了自己。

所以很多情况下，多疑是一种心理的疾病。曾经有一位漂亮有品位的女性，她在感情上是一位敏感多疑的女人，她也曾经遇到过不少优秀的男人，可是却始终不能修成正果。她曾经在地铁站邂逅过一位成熟、稳重的男子，这位男子对她一见倾心，并主动发起攻势。在几次约会后，他邀请女性到家中做客吃饭。面对这突如其来的爱情，这位女性既恐惧又惊喜，而且她也无法抵抗这么优秀男人的吸引。

但过于敏感的她对这位男性充满了忧心，多疑让她在男子不在家时疯狂地搜索他的房间，力图找到这位男性放荡的证据或是有什么其他不当的生活方式。结果被这位男性逮了个正着，可以想象那场面将会多么的难堪！当然两人也一定会不欢而散。而事实上，这位男性的生活丰富、健康，根本不存在女性臆造的生活习性，于是这场从天而降的爱情，被女性无可救药的过敏而葬送掉。

在现在紧张的生活中，像这位女性这样的人比比皆是，因为多疑，很容易与周围的人产生感情慢慢地疏远，如果再缺乏真切的感情交流，就容易发展到对一切人不信任，从而造成心胸狭窄、自视清高，神经过敏、怀疑一切的性格。他们遇事总会向坏处想，甚至会捕风捉影，听风便是雨。在外与同事无法融洽相处，在家也不能与亲人感情和睦。因为整天处于心理紧张之中，自己的日子也好过不到哪里，就会长期被孤独空虚、惶惑不安、焦虑沮丧等不良的情绪困扰，缺乏真诚的亲情、友情和爱情。

由此可见，不管是自虐狂，还是猜疑狂都是在日常生活的一种病，这种病很容易让你的人生变得无趣。要想解决这样的问题，应该找到其致病的根源。外部的生存压力和自己内心所生的心魔是其致病的根源。我们无法改变外部环境，只能不断地适应。但内在的原因，我们应该能克服，这就要求人们在处事时要豁达、理性，多与人沟通，并不断地对自我省察。善待自己，真诚对人，让你的生活多一些和谐，多一份快乐吧。

# 包容不和谐的声音

特定的场合之下，人或许会很容易被其他人"和谐"，接触什么样的人久了，渐渐就会与之趋同，所以必要的时候我们一定要学会高度的"自律"，保持自己思想的独立性，听从自己内心的指引，把自己适当的"屏蔽"，不与那样的人靠得太近，也不会太远。

人生在世，如果总是患得患失，过于注重别人的态度，将自己的得失建立在别人的言行上，又哪有开心的日子过呢？别人要误会，让他误会好了，何必在乎？如果有人看不清楚事实，那纯粹是这个人的损失，与你无关。别人冷漠待你，并不意味着你没有价值；别人看轻你，不要紧，只需自己看重自己即可。如果对方肆意侮辱，而那些侮辱的言辞又都是毫无根据的，那么你或机智幽默地反唇相讥，或置之不理，付之一笑，这倒越发会显示出你人格的魅力。

大鹏奋力而飞，翅膀就像垂天的云彩，它等候海上飓风到来，然后扶摇直上，水击三千里。然而燕雀、寒蝉却对于大鹏的"不鸣"不以为然，燕雀讥笑道：只要有个树枝可以落脚即可，何必非要飞到九万里的高空呢？寒蝉的讥笑，只不过是"小知不知"，而大鹏志在千里，不鸣则已，一鸣惊人，因此，它能够包容，等待一飞冲天机会的到来。

生活永远在源源不断地制造着流言，没有人能一生不遭遇到别人的讥笑，但是比这更重要的是你的态度。有些人一辈子被讥笑淹没，自暴自弃；而有些人则因讥笑而奋发，最后成就一番功名，这才是人生的强者。只有为大鹏者，能容忍寒蝉的讥笑。

战国时期政治家苏秦自幼家境贫寒，温饱难继，读书自然是一件非常奢侈的事。为了维持生计和读书，他不得不时常卖自己的头发和帮别人打短工，后来又离乡背井到了齐国拜师求学，跟鬼谷子学纵横术。

一段时间以后，苏秦自以为学业有成，便迫不及待地告别师友，游历天下，以谋取功名利禄。数年后不仅一无所获，自己的盘缠也用完了。在走投无路之际，他穿着破衣草鞋踏上了回家之路。到家时，苏秦已骨瘦如柴，全身破烂，肮脏不堪，满脸尘土，与乞丐没有什么差别。

妻子见他这个样子，摇头叹息，继续织布，虽然充满同情，但还是显得很冷漠；嫂子的鄙夷则更加明显，当见他这副落魄的样子，扭头就走，不愿做饭；父母、兄弟、妹妹不但不理他，还暗自讥笑他说："按我们周人的传统，应该是安分于自己的产业，努力从事工商，以赚取十分之二的利润；现在却好，放弃这种最根本的事业，去卖弄口舌，落得如此下场，真是活该！"

苏秦身为七尺男儿，身受此辱，实在是无地自容，惭愧而伤心。他关起房门，不愿意见人，对自己作了深刻的反省："妻子不理丈夫，嫂子不认小叔子，父母不认儿子，都是因为我不争气，学业未成而急于求成啊！"

对于别人的讥笑，苏秦选择了忍耐，他要重振精神，发愤读书。他搬出所有的书籍，用心钻研。他每天研读至深夜，有时候不知不觉伏在书案上睡着了。第二天醒来，却懊悔不已，痛骂自己没有用，但又没有什么办法不让自己睡着。

为了珍惜时间，苏秦还发明了防止打瞌睡的办法，那就是著名的"锥刺股（大腿）"，以后每当要打瞌睡时，他就用锥子扎自己的大腿一下，让自己猛然"痛醒"，保持苦读状态。他的大腿常常是鲜血淋淋，惨不忍睹。

就是在这样的磨砺中，苏秦博览群书，学富五车。后来，他写出"揣""摩"二篇。这时，他充满自信地说："用这套理论和方法，可以说服许多国君了！"于是苏秦开始游说六国，终获器重。他曾因挂六国相印而声名显赫，开创了自己辉煌的政治生涯。

　　裁缝匠出身的美国总统安德鲁·约翰逊也遭遇过被人羞辱的窘境。约翰逊在华盛顿的就职仪式上发表演讲时，人群中突然有个人高声喊道："他只是个裁缝匠出身的人！"面对突如其来的嘲弄，约翰逊泰然自若、心平气和地说："某位先生说我过去曾是个裁缝匠，这根本没有使我感到难堪。因为当我做裁缝匠的时候，我享有一个优秀裁缝匠的良好声誉，而且我特别胜任自己的工作。我总是对我的顾客热情周到，并取得了出色的业绩。"话音刚落，热烈的掌声驱散了恶意的嘲弄。

　　不可否认，一个人的出身对其成长的影响是很大的。在某些特定的历史条件下，对很多人来说，是龙生龙，凤生凤，老鼠生儿会打洞，甚至是八分、九分天注定，一分、二分靠打拼。但是，随着历史的发展和社会的进步，一个人的命运越来越不取决于自己的出身，而是越来越多地取决于自己的努力。

　　当面对别人的嘲笑和挑衅时，安德鲁·约翰逊总统没有觉得自卑，也没有因此而感到无地自容。他坦然地面对出身，真诚地热爱自己平凡而普通的父母，并表示出要竭尽全力地用对社会的奉献和成就来报答父母的恩情，他聪明的回答得到了大家的尊重。

　　面对别人的嘲讽，人要包容，静下心来弥补自己的不足，才能以图大志；面对别人的讥笑，人要也包容，以深厚的修养来冷静处理，才能赢得人心。人的一生充满了包容，唯有包容一切，才能走向成功。

# 丢掉痛苦，包容幸福

人的痛苦大多是因为抱着过去的过错不放，自怜的习性使人一遍一遍地回顾曾经的痛苦经历，一次次地重新拾起痛苦的感觉。痛苦与幸福相斥，人的内心如果被过去的过错和痛苦填满，便没有了接受幸福的空间。忘记痛苦，人才有更多的空间容纳幸福。为过去哀伤，为过去遗憾，除了劳心费神，分散精力外，没有一点益处。

著名作家纪伯伦有一句话："忘记是自由的一种形式。"忘记曾经的伤害，忘记已发生的过错，忘记已尝受过一遍的痛苦，只有这么做，才能使我们的心灵达到一种自由的境界，心中才能容下幸福。

生活中，人们可以轻松地把荣耀和成绩放在身后，但要将曾经经历过的痛苦完全放下却是不容易的。唐山大地震后的幸存者中，就有一些人至今还对黑暗、饥饿充满恐惧，入睡前他们要亮着灯、拼命吃东西才能缓解几十年前心中的压力。记得文人达克顿曾说过："除了双目失明，我可以忍受任何痛苦。"可当他60多岁真正失明时，发现自己原来也是可以承受这种痛苦的。因为他把失明的痛苦忘记了，凭借着美丽的心灵生活下去。

"没有宝贵的财富，还有珍贵的爱情；没有珍贵的爱情，还有美妙的青春；没有美妙的青春，还有健美的身体；没有健美的身体，还有纯净的心灵……"达克顿用曾经历练过痛苦、却又忘记了痛苦的纯净心灵告诉我们——苦难并不是可以升值的古董，不要再为过去的痛苦而蓦然回首，太多的痛苦回忆只会让你的短暂人生迅速贬值。毕竟我们已经为它付出过代价，如果没有别的办法，那就请潇洒地挥一挥手，不再为身后摔碎的瓦罐而悔恨，这样我们才能获得幸福的人生。

其实，脆弱的生命本来就不应该有那么多沉重。我们在经历无数无可挽回、无法抗拒的灾难后，可能会万念俱灰，然而，与漫长的生命相比，过去永远都是轻的。所以，遭受了大悲痛和大苦难之后，最主要的是让未来快乐更多，幸福更多，而快乐与幸福不会成长于过去痛苦的荒原中。所以我们要学会忘记苦难，因为我们心中铭记着智者的话："你前世即使是被冤屈的鬼魂，但在经历过痛苦的十字架之后，唯一值得守候的也只有复活节的到来。"

"君不见黄河之水天上来，奔流到海不复回"，过去的已经过去，历史不能重新开始，不可能从头再来。也许我们暂时失去了目前看似幸福的东西，然而只要生命之树常青，就会有再次崛起的资本。一味沉浸在失去的痛苦中自怨自艾或者怨天尤人，都不能解决任何问题。只要我们心存坦荡，乐观向前，吸取经验，不再为曾经的过往纠缠不休，那么，总有"得到"的一天。

莎士比亚曾说："聪明人永远不会坐在那里为他们的损失而哀叹，却用情感去寻找办法来弥补他们的损失。"一个人要想发挥自己的潜能，取得事业上的成功，就必须勇于忘却过去的不幸，重新开始新的生活。

生活中有许多的不如意，但不要再沉湎于痛苦，不要在泪眼蒙胧中迷失前行的路，不要因为你在春天错失了鲜花而苦恼，无论何时，人都不要在重温噩梦中不断地扼杀现在和未来，因为那是无意义地伤害自己。因为生命是宽容的，给了我们饱含深意的秋天的果实，用勇气和乐观来忘记痛苦，才能有空间装载沉甸甸的幸福果实！

# 祸福相依，学会转化

在每个人的一生中，都难免发生不幸，只是有些人的不幸遭遇相对要少一些，面对悲伤，失意、抱怨是无法改变现状的，所以不管发生什么事，人都不能一味地沉湎于悲伤和抱怨中。只有化悲痛为力量，化被动为主动，才能摆脱不幸，获得进步。

奥托·纳尔毕的《一个小偷和失主的通信》是由十封简短的通信组成的一篇小说。

布莱恩先生的汽车被盗了，小偷在给布莱恩的信中说："尊敬的布莱恩先生，您一定已经发觉，您那辆停放在歌德街的蓝色小轿车被人偷走了。我就是那个偷车的人。为了表示对失主的歉意，我想向您提出一个友好的建议，我在您的汽车里发现一个装有许多信件和案卷的皮包。对我来说，这些东西是无足轻重的，但对于您呢，我看却事关紧要。如果您肯把您的各种汽车证件交给我，我将把这些东西放在歌德街 4 号住宅后面，您给我的证件也可放在这个地方。顺致亲切的问候！"

汽车被盗，谁受了损失？谁是受害者？自然是失主布莱恩先生了，但随着故事情节的逐层展开，读者的观点在慢慢转变。

小偷偷了汽车，布莱恩先生和小偷友好地往来着，小偷送还了他急需的重要文件，他按约转交了汽车的全部证件，这样，小偷名正言顺成了车的真正主人，这让人觉得不公平，替布莱恩先生叫屈。

但接下来，小偷要向税务局交汽车税，要向保险公司交保险费；后轮胎破了，他要换轮胎；汽车耗油量大，他要买大量的汽油；还得换掉坏了的阀门、刹车，还得修理车篷；还没有可供停放的车房。小偷可真是惨了！最后一封信令人啼笑皆非，小偷竟然说他想倒贴一笔赔偿费，将汽车还给布莱恩先生。

但谁知布莱恩先生的最后一封回信更是令人大跌眼镜，他说："你偷走了我的汽车，而我懂得了上帝为什么给我两只脚。我重新开始步行，过多的脂肪已经耗掉了好几磅，心脏也恢复了正常，我完全忘记了心血管病是怎么回事儿，我不再看病，经济状况也大有好转……即使你上法院控告我，我也绝不接受被偷走的东西。"

汽车被盗，小偷要挟自己，但布莱恩并没有因此愤怒，而是按照小偷的要求，把齐全的汽车证件都交给了小偷，而他包容小偷的行为也让他找回了失去了很长时间的健康，可见，不幸并非都是坏事。不幸对于每个人来说都是不可避免的，毕竟没有人永远都是生命的幸运儿。生命之花刚刚开始萌芽，却遭到雨淋霜打；事业之帆刚刚启程，就遇到狂风暴雨；人生的征程崎岖不平、波涛汹涌是多么不幸的事情。对遭遇的不幸，人应该用一颗包容的心对待，并重视不幸存在的价值和利用的价值，而不能一味逃避退缩。正如黑格尔所说的"存在即合理"，包容"不幸"这个合理的因素，或许我们的生活会因祸得福呢！

有个大臣因智慧超群而深受国王宠幸。不论对待什么事情，他都能保持积极乐观的态度。也正是由于这种态度，他为国王解决了不少难题，因而深受国王的器重。

国王喜欢打猎，但在一次围捕猎物的时候，不慎弄断了一截手指。国王疼痛之余，马上叫来了这个大臣，征询他对意外断指的看法。这个大臣轻松而又自在地对国王说，对于大王来说，这件事再好不过了。

大臣竟敢取笑自己，国王听了非常生气，马上命侍卫将大臣关进了监狱。

待断指伤口愈合之后，国王又兴致勃勃地忙着四处打猎。不幸的事终于发生了，由于不小心，国王的打猎队伍误闯进了一片野人的领地，被埋伏在丛林中的野人捉住了。

按照野人的惯例，必须将活捉的这队人马的首领敬献给他们的神。于是这群野人便将国王押上祭坛。正当祭祀仪式开始的时候，主持的巫师突然惊叫起来。原来他发现国王断了一截手指，而按他们部族的传统观念，献祭不完整的祭品给天神，是要遭天谴的。野人赶忙将国王押下祭坛，把他驱逐出去，另外抓了一位大臣献祭。

国王狼狈地逃回国，就在国王庆幸自己大难不死的时候，忽然想起了那个大臣所说的话，于是马上将他从牢中释放出来，并给了他很多奖赏。

这个大臣并没有因为被国王关在监狱里而抱怨和闷闷不乐，和往常一样，他仍然保持着积极乐观的态度，笑着宽恕了国王，并说这一切都是好事。

"说我断指是好事，现在我能接受；但因我误会你，而把你关在牢中，让你受苦，你认为这是好事吗？"国王不服气地质问。

"臣在牢狱中，当然是好事。今天我若不是在牢中，陪陛下出猎的大臣会是谁呢？"这个大臣笑着回答。

回避不幸的人摆脱不了不幸，反为不幸所累；悲叹不幸的人减弱不了不幸，反而被悲观所笼罩；屈服不幸的人不会驱走不幸，反而让不幸形影不离。只有那些不抱怨、不悲观、不为不幸所折服，并怀着一颗包容的心面对生活中的挫折和不幸的人，才能让不幸成为走向成功的垫脚石，让不幸成为进军途中的响箭，从而做出非常人所能做到的事情。

# 在夹缝中生存多么了不起

那些山崖上的青松，不少也生长于岩石和夹缝之中，人们给了它一个美称"劲松"。长生在岩石夹缝之中的不仅仅是劲松，还有其他一些树木，以及毫不起眼的小花小草。受到环境的限制，它们不得不拼命地钻、拼命地挤、拼命地长，以至于不被岩石夹缝夹死，适应在岩石夹缝中生存的需要。"物竞天择，适者生存"正是这种屈就、忍耐、适应，才使山崖上的劲松不同于在沃土的优越自然条件下生长的普通青松。

在生活当中，每个人都不会事事顺遂，都会有处在夹缝中，面临左右不定、进退两难的局面。这时，人可能没有选择的机会，那就不妨低下头来，学会看别人的脸色，懂得不轻易表露自己的心迹。在夹缝中积聚力量，借势发挥自己的潜力。

司马迁是我国西汉时期的大文学家和历史学家，他生于史官世家。司马迁从小就跟父亲来到长安，10 岁开始攻读"古文"，20 岁后游历中国的大江南北，他到过长城，渡过黄河，登过泰山，经过长江。一路上，他风餐露宿，不辞辛劳地采访民间传说，考察文物古迹，搜集历史资料。

当司马迁游历回来后，父亲已经病危了。父亲在临去世前，拉着司马迁的手说："我们家世世代代都当史官，你将来也要接替这个职位啊！我一生最大的心愿就是想写一部通史，看来这个愿望实现不了啦！你一定要继承我的事业，千万不要忘记啊！"司马迁泪流满面，但还是坚定地说："我虽然没什么才能，但我一定会实现您的愿望！"

父亲去世后，司马迁接替了史官的职位，开始着手完成父亲的遗愿。谁知6年后，一次政治事件把他卷了进去。司马迁为国家着想，说了几句真心话，因此得罪了汉武帝。本来被处以死刑，要免死只能出钱赎身或接受腐刑免死。司马迁家里没钱，他万不得已，接受了腐刑，以求活下去。这对司马迁是多大的打击呀！他也因此招致很多的非议：有的人认为他贪生怕死，甘受侮辱；有的人疏远了他……

此时，司马迁还是被关在监狱里。他夜以继日地写作。50岁那年，司马迁被释放出狱，他更加发愤，几乎把全部心血都倾注到《史记》的写作中去。14年后，他终于完成了这部50多万字的千古名著。此时，司马迁泪流满面地说："人都有一死，有人死得重于泰山有人死得轻于鸿毛，我是为了写这部史书而求生！我不愿意我们国家的历史在我手里中断，英雄的事迹在我心中埋没。现在书写成了，就是让我死千次万次，我也不怕了！"是啊，《史记》是司马迁用毕生的精力，写出的一部永远闪耀着光辉的伟大著作。

若能在夹缝中生存保全，对人的历练将是巨大的，有朝一日，这必将成为其一飞冲天的资本。但是，很多人却不明白在夹缝中求生存的做人之道，受不了逆境的折磨，故无有所成，甚至遭受了杀身之祸。

明太祖朱元璋在位时，有位叫王朴的官员，是洪武十八年的进士。他本名王权，王朴这个名字是朱元璋给他改的。王朴性情耿直，数次与朱元璋争辩，不肯屈服，触犯了龙颜而被罢官回家。不久，王朴又被起用，任监察御史。王朴刚上任，就上千言书，指责朝政。朱元璋对此颇为不满。

有一日，王朴为一事又与朱元璋争辩，言辞十分激烈，朱元璋大怒，下令杀他。刚推到刑场，朱元璋想给他一次反悔的机会，又把他叫回来，问："你改变自己的主意了吗？"王朴却义正辞严地说："陛下不认为我是无才能的人，升我为御史，为何现在将我摧残侮辱到这个地步？假使我没有罪，为什么杀我，有罪又为何让我活下去？我今日只求速死！"朱元璋更是大怒，命令赶快行刑。

　　路过史馆时，王朴还高声喊道："翰林学士刘三吾记下，某年某月某日，皇帝杀无罪御史王朴。"王朴就这样丢掉了性命。

　　常言道：伴君如伴虎。在一言九鼎的皇帝面前，如果稍有不慎，随时都有人头落地的危险。所以应懂得如何在险象环生的夹缝中求生，如何保全自己，如何寻找机会达到自己的目的，这才是身为人臣的关键。一味地心高气傲，一点都不懂处世策略，只能毫无价值地送了自己的性命。如果能够克制住自己，谨慎一些，不但可以保全自己，还可以实现自己的目标。

　　刘备是蜀汉的开国皇帝，相传他是汉景帝之子中山靖王刘胜的后代。少年时，刘备孤贫，以贩鞋织草席为生。黄巾起义时，刘备与关羽、张飞桃园结义，一同剿除黄巾军，有大功；之后任安喜县尉，不久辞官。董卓乱政之时，刘备随公孙瓒讨伐董卓，和关羽、张飞三人在虎牢关大战吕布。后来，诸侯割据，刘备势力弱小，经常寄人篱下，先后投靠过公孙瓒、曹操、袁绍、刘表等人，几经波折，却仍无自己的地盘。赤壁之战前夕，刘备在荆襄三顾茅庐，请诸葛亮出山辅助。在赤壁之战中，联合孙权打败曹操。之后，刘备又占领荆州、益州，夺取汉中，建立了横跨荆益两州的政权，从而奠定了三分天下的基础。

　　刘备起家时并不是什么大人物，他却在夹缝中生存了下来，最后三分天下有其一。所以，如果一个人不懂得伏藏，即使能力再强，智商再高，也会在夹缝中被压迫、利用，甚至被挤压窒息。

　　俗话说："夹着尾巴好做人。"若想在夹缝中保全自己，就要夹着尾巴，事事小心谨慎，低调的人知道耐心地经营自己，在夹缝中穿梭，在艰辛中拼搏。

# 顺应环境，正确对待机遇

如果按照人们各自的性格，生活方式，追求目标和欣赏水平，许多人和事会都会不大习惯，这其实是很正常的事，人不必为此而烦恼。而且随着时间的推移，人会由不习惯而渐渐习惯起来。

刚到一个新的环境，你人生地不熟，仿佛一切都与你格格不入。但过不了多久，我们便会对许多事习以为常。一个聪明的人，首先是一个适应性很强的人，而不是企图改变环境和他人的人。人的生命就是不断地适应与再适应。许多人去西藏旅游，刚下飞机，因为高原反应而头晕头疼，恶心呕吐，但过不了几天，一切就正常了，因为他已经适应了这里的环境。因此，时间是最好的教练，教会我们适应一切环境的能力和本领。

但是，有些生活却让人不容易习惯，只要人活着，这样的日子还得一天一天地过下去。在这样的情况下，人就得学会克制，学会忍耐。比如说你不习惯黑夜，但黑夜每天适时而来，你忍耐着，天就亮了；你不习惯寒冷的冬季，但冬季的脚步渐渐逼近，你忍耐着，那春天还会远吗？你不习惯有些人的处事态度，只要对你不造成危害，就没有必要斤斤计较，或是力图改变他，你只要敬而远之就行了；你不习惯现实社会的某些怪异现象，但你对此也无能为力，就没有必要愤愤不平，或是力图批判，只要不融入其中就行了。

面对这个千奇百怪，错综复杂的世界，每个人就犹如沧海一粟，碧空一星，大地一草，沙石一粒，实在是太渺小，太微不足道了，你不能企图改变这个世界，这是连许多大人物，社会精英都无能为力的事。所以，你不能与这个世界格格不入，这样别人会把你看成怪物，你也会无法生存；但也不能同流合污，这样你会觉得有辱自己，于心不忍。关键的是要心静，要有好的心态，要有好的心理素质，做到自己心中有数，曲直是非尽在心中。冷眼笑看花开花落，坦然面对云卷云舒。

在推销员中，广泛流传着这样一个故事：两个欧洲人到非洲去推销皮鞋。由于炎热，非洲人向来都是打赤脚。第一个推销员看到非洲人都打赤脚，立刻失望起来："这些人都打赤脚，怎么会要我的鞋呢。"于是放弃努力，失败沮丧而回。另一个推销员看到非洲人都打赤脚，惊喜万分："这些人都没有皮鞋穿，这皮鞋市场大得很呢。"于是想方设法，引导非洲人购买皮鞋，最后发大财而回。

同样的环境、同样的市场，同样面对打赤脚的非洲人，由于心态的不同，思路的差别，一个人灰心失望，不战而败，而另一个人满怀信心，大获全胜。

二战期间，美国女子塞尔玛为了陪伴丈夫，离家千里住进靠近大沙漠的陆军基地里。营区生活条件很差，盛夏酷热难耐，温度长时间都在 45℃ 以上，风整天吹个不停，尘土到处飞扬。

丈夫奉命到沙漠深处参加军事演习了，塞尔玛只好独守基地的铁皮房。周围住的全都是不懂英语的土著印第安人，没有人陪她聊天，更没有丁点好玩的东西。她寂寞难耐，于是写信给父母要求回家。父母在回信中只写了两句话，这看似简单的两句话，却改变了塞尔玛的人生："有两个犯人从牢房的铁窗望出去，一个看到的是荒凉和泥巴，一个看到的却是那夜空中的星星。"

塞尔玛将这两行字看了又看，暗自说道："好吧！我就去找那星星吧！"自此，她主动走出屋外和土著人交朋友，并请他们教自己如何编织东西和制陶。刚开始彼此还有些陌生，但当他们了解到她真的是对这些东西有兴趣时，热情地接纳了她，并把舍不得卖给观光客的各种精美工艺品送给她……她因此迷上了印第安文化、历史、语言以及所有有关印第安人的事物。不仅如此，她还开始研究起沙漠来。沙漠中的日落日出，那些多姿多彩的沙漠植物，在她眼里变得神奇迷人了。

沙漠依然，土著人照旧，但塞尔玛的心结已解，心态在改变，快乐因子便也在不断生长。两年之后，她根据这段生活写出了《快乐的城堡》一书，出版后一版再版，塞尔玛还因此成了美国著名的沙漠专家！

要想从平凡中发现美好与神奇，从困境中获取信心与希望，从是非迷惑中求得清醒，最好的办法不是怎样去解决外界的问题，而是解开自己的心结。解铃还须系铃人，最好的系铃者是我们的心灵，问题的最终源头也是我们的心灵。

外部条件相同，但他们的心态却大相径庭，因而其人生也是不同的。只要我们拥有积极而良好的处世心态，面对所处的环境，适时地纠正自己的想法与观念，冷静分析一下自己所处的情况，并且细心列举出自己的长处与短处来，这样你就可以在同样的环境中发现自己过去不曾注意到的优点了。

1972年，新加坡旅游局给总统李光耀递交了一份很消极的报告，大意是说，新加坡不像埃及有金字塔，不像中国有长城，不像日本有富士山，不像夏威夷有十几米高的海浪。这里除了一年四季直射的阳光，国内什么名胜古迹都没有，要发展旅游事业，确实是巧妇难为无米之炊。

李光耀看过报告后非常气愤。据说，他在报告上批了这么一行字："你想让上帝给我们多少东西？阳光，有阳光就足够了！"

后来，新加坡正是利用了那一年四季直射的阳光，种花植草，在很短的时间里，发展成为世界上著名的"花园城市"，旅游收入连续多年位列亚洲第3位。

所以，人不要单纯地等待你的机遇出现，而要创造机会；发现了机遇，还必须有行动的勇气；发现了潜在的机遇，就要迅速行动为机遇创造条件。正如居里夫人所说："弱者等待时机，强者创造时机。"

名列中国内地 100 富豪榜的福海集团总裁罗忠福善于从国家政策、时代变化中敏锐地发现商业机会。对于像他这样的商业高手来说，生活中无所谓大事小事，关键在于找出每件事中所蕴含的大小商机。

成功的企业家都善于借他人之财以生财，罗忠福也不例外。但他开办典当商行来为自己借财生财的创举，却是其他人想也不敢想的事情——在当时的我国，开办第一家典当商行该是怎样的艰难呢？

为了说服主管部门的官员，罗忠福跑遍了珠海的图书馆，搜集了全世界当铺的资料，以无懈可击的证据论证了在我国开设典当行的必要性和可行性。

政府官员被他详尽的报告说服了。1988 年，全国第一家私营当铺"黔海典当商行"开业了。就是这个当铺帮助罗忠福度过了 1989 年资金极度困难时期。罗忠福的经济资本也从这里开始积累。不难想象，没有罗忠福的积极游说，政府不会这么快就制定出这样一个政策，罗忠福也很难迅速地积累起他的创业资本。

罗忠福自己也曾坦言："无论在中国以外的任何一个地方，我都不可能有今天这样短短几年增值千倍的奇迹。我的公司是在一个特定的地方，特定的历史环境中成长的。要说我有过人之处，那就是我比他人更会利用政策。"其意显而易见，他善于从自身的环境，从当时的政策中发现机遇，或者为机遇创造条件。

然而，我们到底要怎样才能创造机遇呢？这一点就需要我们了解一下机遇的本质了。

机会究竟是什么呢？范扬松写道：机会是一种有利的环境因素，让有限的资源，在特定的时空之内，发挥无穷的作用，借此更有效地创造利益。具体地说，政治、经济、社会、人口变动、产业竞争、组织结构……的变动，导致各方面因素配合恰到好处而产生有利的条件。谁事先目睹或推测准确而最先利用这些有利条件，运用手上既有的人力物力，资源人脉去努力或投资，谁就能更快、更容易地获得更大的成功，赚更多的财富。这些有利因素的组合即创造了机会。

机会有3项要素，即资源、利益和条件的配合。资源包括个人的智慧知识、技能、人际关系的技巧、财富、胆量等，也包括家族网络、机构或企业的人才、资本、科技、设备，以及现有的产品或服务可能带来的价值效益等。

利益是机会的主要内容，也是创造机会的主要目标。包括金钱的收入，名誉的提升，形象的建立或改善，乃至于自我价值与自尊的被肯定。利益在不同行业里各有不同的具体表现。

条件的配合是指客观环境和创造机遇者的主观条件互相配合。首先是客观因素的变化，造成有利的投资环境。例如经济复苏，人口激增，可用的土地有限，造成地价急涨，这是把资金投入地产市场的有利环境。其次是指创造机遇者所具备足够的条件去利用这个有利的环境，例如买地、发展土地所需的资金、技术、人才等，以及创造机遇者个人的眼光、胆识和决断力等。最后是指主、客观因素刚好配合。例如，在地价快要急涨时，先期预见这个趋势，又具备投资的各项条件。

即便条件不够成熟的时候，可以积极想办法加以改变。条件可以逐渐加强，可以慢慢成熟。有时候机遇迟迟不至，只因为缺少某一两个条件，这时候你就要想法设法补齐这缺少的条件了。三国时吴蜀联军谋划火攻北方曹操军队时，万事俱备，只欠东风，这时候就有顶尖高手诸葛亮出头借东风，大家共同演出一场绝妙的火烧赤壁的战事。

毕加索刚出道的时候非常穷困潦倒，画出来的画好不容易托人代售，却被闲置在画廊一角，无人问津。画商凭着自己独特的鉴赏眼光，发现了毕加索具备的雄厚潜力后，亲自跑遍巴黎的画廊，故意装作很急的样子，对画廊展售人员说："我有好几位顾客在找毕加索的画，你这里有没有？"画商一而再，再而三地用这种手法为毕加索的画造势。于是，毕加索的画渐渐地由滞销品变得奇货可居起来。

这是典型的"无中生有"。当然，毕加索之所以能在画商的造势之下，从无名变成有名，是因为他那尚未被世人发现的过人才华。

有些时候，诸多条件还不成熟，机遇也只是在远方向你招手，这时除了准备之外，你所需要做的就是以 12 分的耐心和毅力去等待。有些时候，不是没有机遇，而是时机没到。而随着时间的推移，机遇所需条件逐渐成熟，机遇也就自然会来到你的身边。

那么，从现在开始，请你停止抱怨吧，仔细看看周围到底有没有机遇。如果发现有利的机遇，那就立即行动。如果暂时没发现机遇，就应该为机遇的到来创造条件。

# 因为变通，才会进退自如

人挪活，树挪死。一句简单的话道出了我们必须要学会适时地变通，不能固执地坚持自我，懂得适时地变通才能积极面对新的事物。《周易》中说："变则通，通则久。"人的思维是跳跃的，不是一成不变的。

因此，我们处事时适时的变通是一种很明智的做法，放弃毫无意义的固执，才能更好地办成事情。虽然坚持是一种良好的品性，是值得称赞的事情，但在有些事情上，过度的坚持就会变成一种盲目，那将会导致最大的浪费。任何事物的发展都不是一条直线的，聪明人能看到直中之曲和曲中之直，并不失时机地把握事物迂回发展的规律，通过迂回应变，达到既定的目标。

顺治元年（公元 1644 年），清王朝迁都北京以后，摄政王多尔衮便着手进行武力统一全国的战略部署。当时的军事形势是：农民军李自成部和张献忠部共有兵力 40 余万；刚建立起来的南明弘光政权，会集江淮以南各镇兵力，也不下 50 万人，并雄踞长江天险；而清军不过 20 万人。如果在辽阔的中原腹地同诸多对手作战，清军兵力明显不足。况且迁都之初，人心不稳，弄不好会造成顾此失彼的局面。

多尔衮审时度势，机智灵活地采取了以迂为直的策略，先怀柔南明政权，集中力量打击农民军。南明当局果然放松了对清的警惕，不但不再抵抗清兵，反而派使臣携带大量金银财物，到北京与清廷谈判，向清求和。这样一来，多尔衮在政治上、军事上都取得了主动地位。顺治元年七月，多尔衮对农民军的打击取得了很大进展，后方亦趋稳固。此时，多尔衮认为最后消灭明朝的时机已经到来，于是发起了对南明的进攻。当清军在南方的高压政策和暴行受阻时，多尔衮又施以迂为直之术，派明朝降将、汉人大学士洪承畴招抚江南。顺治五年，多尔衮以他的谋略和气魄，基本上完成了清朝在全国的统治。

绕圈的策略，十分讲究迂回的手段。特别是在与强劲的对手交锋时，迂回的手段高明、精到与否，往往是能否在较短的时间内由被动转为主动的关键。

美国著名企业家李·艾柯卡在担任克莱斯勒汽车公司总裁时，为了争取到 10 亿美元的国家贷款以解公司之困，他在正面进攻的同时，采用了迂回包抄的方法。一方面，他向政府提出了一个现实的问题，即如果克莱斯勒公司破产，将有 60 万左右的人失业，第一年政府就要为这些人支出 27 亿美元的失业保险金和社会福利开销，政府到底是愿意支出这 27 亿呢，还是愿意借出 10 亿极有可能收回的贷款？另一方面，对那些可能投反对票的国会议员们，艾柯卡吩咐手下为每个议员开列一份清单，清单上列出该议员所在选区所有同克莱斯勒有经济往来的代销商、供应商的名字，并附有一份万一克莱斯勒公司倒闭，将在其选区造成的经济后果的分析报告，以此暗示议员们，若他们投反对票，因克莱斯勒公司倒闭而失业的选民将怨恨他们，由此也将危及他们的议员地位。

这一招果然很灵，一些原先强烈反对给克莱斯勒公司提供贷款的议员闭了嘴。最后，国会通过了由政府支持克莱斯勒公司 15 亿美元的提案，比克莱斯勒公司原来要求的多了 5 亿美元。

常言道，人无远虑，必有近忧，人考虑事情要周全、有远见。做人其实是一个平衡的艺术，不可恃才傲物，目中无人；应该做到既要左顾右盼，照顾到方方面面的利益，又要瞻前顾后，考虑到事情的前因后果。人不要只是直线思考，更不能一条道走到黑，学会适时变通才能更好地去生活。

人考虑事情要全面，不要抓住一点不放，要学会变通，不能太固执地坚持自我。面对这个现实的社会，人就要像一个善于棋道的棋手一样，当走出第一步棋之后，还要想到第二步、第三步如何走。

卡耐基说："如果遇到你不喜欢的人们，有个简单的方法可以教化这种特性：寻找别人的优点。你一定会找到一些的。"在职场中，我们也会遇到让自己不能认可的人，这就要我们适时地变通，才能更好地面对。

小艺毕业后初入社会，在某合资公司外贸部就职，不幸碰上一个爱拍马屁、什么本事都没有的主管。此人每天下班后没有什么事儿，为了表现自己，便向主管要求"加班"以示自己的敬业，还把白天整理好的文章弄得一团糟，无事生非，又把责任全部推给小艺。小艺不是一个会争的女孩子，只好忍气吞声等着主管长出"火眼金睛"，结果等了3个月，还是等不来一句公道的话。

一气之下，小艺就去了另一家外资公司。在那里，她的出色博得了许多同事的称赞，但无论如何也没法使苛刻、暴躁的陈经理满意。心灰意冷意，她又萌动了跳槽之念，于是向总裁递交了辞呈。总裁先生没有竭力挽留小艺，只是告诉她自己处世多年得出的一条经验：如果你讨厌一个人，那么你就要试着去爱他。总裁说，他刚工作的时候，也遇到过自己不喜欢的上司，于是他就像鸡蛋里挑骨头一般在一位上司身上找优点，结果，他发现了上司两大优点，而上司也逐渐喜欢上了他。

小艺悄悄地收回了辞职书。她说："现在想开了，作为一个成熟的人应该放开心胸去包容一切、爱一切。换一种思维看人生，你会发现，乐趣比烦恼多得多。"

人们之所以不喜欢一个人，其实往往源于表面现象，因为不喜欢，因此容易与这些人发生不必要的摩擦。只有包容才是化解这一切的好办法。改变自己的旧观念，重新去认识。

聪明的人懂得变通，会放弃毫无意义的固执，所以能够进退自如。要想成为一个聪明人，人就要学会分清形势，权宜机变，不能墨守成规，固执己见。虽然坚持是一种很好的品性，但在有些事上，过度的坚持会导致最大的浪费。

在一些暂时没有办法解决的事情面前，我们应该学着变通，不能死钻牛角尖，此路不通就换另一条路。有更好的机会就赶快抓住，不能一条路走到黑，生活不是一成不变的，有时候我们转过身，就会发现，原来我们身后也藏着机遇，只是当时我们赶路太急，忽略了那些美好的事物。

# 总会过去的

如果说生活是一望无际的大海，人便是大海上的一叶"舟"。有时大海风平浪静，有时波涛汹涌。相应地，人会有一帆风顺，也有失意、不得志的时候。当我们走在崎岖不平山路上时，当无名的烦恼袭来，失意与彷徨燃烧着每一根神经时，人应该充满希望，用一颗平常心包容生活带给我们的烦恼和困惑。

让凯尔伤心欲绝的是，他刚从祖父手中继承的美丽的"森林庄园"在一场雷电引发的山火中化为了灰烬。面对焦黑的千疮百孔的林子，凯尔欲哭无泪。

年轻的凯尔决心倾其所有修复庄园，于是向银行提交了贷款申请，但因为他一无所有，银行拒绝了他的要求。他四处求亲告友，依然一无所获。当时凯尔始终找不到一条出路，变得失望了。他想到自己以后再也看不到那片郁郁葱葱的树林了，为此，他茶饭不思，焦虑不堪。

当凯尔年已古稀的祖母知道了这件事之后，意味深长地说："小伙子，庄园成了废墟并不可怕，可怕的是你的眼睛失去了光泽。一双失去光泽的眼睛怎么可能看到希望呢？"祖母的话让凯尔为之一振，他觉得自己不能这样消沉下去了。一天，他漫无目的地在大街上闲逛。在一条街道的拐角处，他看见一家店铺门前人头攒动，他下意识地走了过去，原来是很多人正在排队购买木炭。

纸箱里的一块块木炭忽然让凯尔的眼睛一亮，他看到了一线希望。在接下来的一段时间里，凯尔雇了几名烧炭工，将庄园里烧焦的树都加工成了优质的木炭，然后分装成箱，送到集市上的木炭经销店。结果，木炭被一抢而空，他因此得到一笔不菲的收入。不久他用这笔收入购买了大批的新树苗，一个新的庄园又初具规模了。几年以后，"森林庄园"再度绿意葱葱。

人生就是这样，包容生活带给我们的困苦和烦恼，心存希望，那些无论来自外界的不幸是怎样的沉重，无论灾难是如何的巨大，脚下总会有一条新的道路。这个世界上，从来没有什么真正的"绝境"，一切都是相对的。无论黑夜多么漫长，朝阳总会冉冉升起；无论风雪怎样肆虐，春风总会缓缓吹拂。

很多事情都没有我们想象得那么糟糕，放轻松些，生活何必太紧张？事情既然已经发生了，何不坦然自在地面对。担心不如宽心，穷紧张不如穷开心。

沈从文在中国现代文学史上占据着重要的地位，无论是"文学大师文库"还是"20 世纪中文小说排行榜"，海外都一律将沈从文排在位于鲁迅之后的中国最杰出的小说家及文学大师的行列。19 世纪 80 年代，他的作品《边城》《萧萧》等相继被改编成电影。这些电影以独特的艺术格调为喧闹的影坛吹进缕缕清风。就是这样一位杰出的作家在新中国成立初期却退出文坛，从此销声匿迹，在中国的文学发展史上留下说不尽的遗憾。但是我们从沈老后来的生活中却没有看出颓废、沮丧，而是读出了睿智和快乐。

沈从文的淡定与从容，包含了超越历史的智慧，恰恰印证了"宁静以致远"那句话，也体现出了生命的简单、纯然。谁也无法猜测沈从文有过多少灵魂的迷乱和内心的挣扎，但是当他放下那支曾创造出鲜活艺术形象的笔，改行到历史博物馆整理文物，他就完全脱离了迷惑与痛苦。纵然有众多知音的遗憾，亲朋的惋惜，读者的不解，沈从文只是报之以微笑，不作任何解释。

沈从文义无反顾地告别了文学，坚决割断自己与文学的联系，钻入历史尘埃一般的文物中。每有报刊来约稿，他的回答是过时了，所以才"避贤让路"，他的话非常真诚，完全出自内心。

有人说沈从文糊涂了，一个文思泉涌、笔下生辉的优秀作家却在历史博物馆做起了为展品写标签的工作，那是无须用脑子也能做的活计，这仿佛是历史在开着玩笑。而沈从文却安之若素，自得其乐，也许在沈从文的理解里会弯曲才是生命的真谛。懂得享受生活才是成熟人性的自我升华。

沈从文把生命回归到了简单、自然，他在剧烈的落差中寻找自我平衡。在历史遗留下来的金、石、陶、瓷堆中探寻那通向人类真实昨天的途径，同时也在寻找自己后半生的生命意义。

每天，他早早来到博物馆门口，等候门卫开门。研究沈从文的专家凌宇在《沈从文传》中这样记叙道，北京的三九寒天，气温极低。太阳还没出来，寒气直侵入人的骨髓里去。沈从文躲在一个稍能避风的墙角里，穿一件灰布棉袄，一面跺脚一面将一块刚出炉的烤白薯在两手间倒来倒去取暖，他正在等博物馆的警卫开门。博物馆里，成千上万的文物在他眼前展开了一个新奇的世界，犹如阿里巴巴偷到了打开山洞的秘诀；使他有幸置身于令人眼花缭乱的稀世珍宝之间。沈从文兴奋不已，一股巨大的贪欲从他心里升起——他不是垂涎于这些文物的金钱价值，而是为深藏在那一履一带、一环一佩、一点一线、一罐一坛之间的巨大的知识财富，以及燃烧其间的永世不灭的生命之火所迷醉。

人曾经经历的悲伤、耻辱以及一切的不幸都会过去的，曾经拥有的任何经验也都会过去。总之，凡事不论好或坏、赞成或反对、愉快或痛苦，都会来来去去，有起点，也有终点。任何时候保持一颗包容的心，即使面对逆境也可以沉着镇定。这并不容易，却十分管用。

人的一生中遇到过那么多的坎坎坷坷，每次人面对坎坷，都惊慌失措，并在心里不断地自问，这次我能过得去吗？可事实上，又被哪道坎难倒了呢？不是跨过一道道坎坷一路走过来了吗？

无论是甜蜜还是悲伤，无论是艰难还是顺利，无论人正处于痛苦的边缘，还是前进的路上满是荆棘，或是正面临着重大的生死选择，都要学会包容苦难，因为总会过去的。

第7章

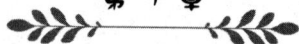

心态好，生活处处有欢乐

# 给自己不断地打鸡血

人生需要热情，热情使人果断，使人执着、豪放、爱憎分明、使人无所畏惧，使人干练高效，使人锲而不舍，使人力量倍增，使人勇往直前。人有了热情，才会在人生的道路上逆流而上，披荆斩棘，所向披靡，战无不胜，临危不惧，泰然自若，进退自如。

在一个简陋、破旧的小阁楼里，一个贫穷的雕塑家正用心塑造着一个雕像模型。日复一日，就在模型就要完工之际，城里气温骤然下降，很快由零上降到零度以下。如果黏土模型缝隙中的水分凝固成冰的话，那么整个雕像的线条都会扭曲变形。身无分文的雕像家毅然脱下身上的睡衣，把它盖在了雕像身上。

寒冷的一夜过去了，清晨，人们发现了雕塑家冰冷的尸体，但那塑雕像却完好无损。最终，这塑雕像在名家的帮助下，雕成了一副有形的大理石作品，至今这件作品还在巴黎的一家艺术馆里陈列着。

"我不知道别人如何做，但我每遇到重大事情时，我都会把我的全部热情和全部精力投入其中，在那一刻，其他所有人、所有事都无法影响到我，在我眼中，仿佛他们都不存在。"美国政治家亨利·克莱如是说。一名赫赫有名的金融家说道："一个银行要想获得瞩目的成绩，办法只有一个，那就是雇佣一个能够把自己的热情毫无保留地用在业务上的人作总裁。"十足的热情会使一个原本枯燥无味、毫无乐趣且前途灰暗的职业变得生机勃勃，前景光明。

一个正常的年轻人，如果遇到一个真正令他心动的恋人，他的感觉会变得更敏锐，会发现其他人在他恋人身上没有发现的种种优点。同样一个抱有热忱做事的年轻人，感觉也会变得异常敏锐，会发现自己为之奋斗的事业的种种动人之处。这样，在奋斗过程中，无论遇到多么大挑战、多么大的困难，他都可以坚持承受下来。

艺术家在创作一切伟大的艺术作品时都会沉浸在一种特殊的美感之中。为此，他们寝食难安，坐卧不宁，直到灵感全表现出来为止。每次在构思小说的情节时，狄更斯都夜不成寐，他的心完全被他的故事所萦绕、占据。笔下的那些人物令他魂牵梦绕，整日茶饭不思，为了描写一个场景，他曾经一个月闭门不出，最后，当他走出房间时，他看起来就像重病人一样形容憔悴。这种情形一直要持续到整个作品完成为止。

一位评论家对著名女歌唱家玛丽布兰能够从低音 D 连升 3 个八度唱到高音 D 大为折服，并且向她表达钦佩之情。而歌唱家玛丽布兰说："为了做到这一点，我费了很大力气。开始，为了练这个音，我花了整整一个星期的时间。那个时候，穿衣也好、梳头也好，总之无论做什么事，我都试图发这个音。最后，就在我穿鞋的时候，我终于找到发这个音的感觉。"

关于热情，爱默生有一段精辟的论述，他说："热忱造就了人类历史上每一个伟大不同凡响的时刻，这不能不说是一个奇迹。"穆罕默德带领阿拉伯人在短短的几年内，从无到有，建立起了一个比罗马帝国的疆域还要辽阔的帝国，这就是一个最好的例证。

虽然他们的战士几乎没有盔甲，却有一种崇高的理念在背后支撑着，所以其战斗力丝毫不亚于正规的骑兵部队。妇女们也同男子一样在战场上纵横驰骋，杀得罗马人溃不成军。

虽然他们的武器落后，粮草不足，但军纪严明，从不抢夺酒肉，而是靠小米和大麦最终征服了亚洲、非洲和欧洲的西班牙。他们的首领用手杖敲一敲地，简直比拿着刀枪的人更有威力。

为了发动一场战役，别人需要一年时间做准备，而拿破仑只需两周的时间。在第一次远征意大利的行动中，拿破仑只用了 15 天时间就打赢了 6 场战役，在占领了皮德蒙特的同时，还缴获了 21 面军旗、55 门大炮，并且俘虏了 15000 人。

之所以有这样的战绩，就是因为拿破仑的心中有无与伦比的热忱，就连战败的奥地利人在目瞪口呆之余，也不得不称赞这些跨越了阿尔卑斯山的对手："他们不是人，是会飞行的动物。"

在这场战役之后，敌军中的一位奥地利将领愤愤地说："这个年轻的指挥官对战争的艺术简直一窍不通，他根本不懂得用兵之道，他什么事都做得出来。"

但是拿破仑正是以这样一种根本不知道失败为何物的热忱，带领着他的士兵，从一个辉煌走向另一个辉煌的。

"我们发现，在许多重要的战役中，成败的关键就在于，战争双方是否投入了极大的热忱。"这是著名将军博伊德的一句名言。

生活需要热情。热情因为热爱，热爱是一种原动力。而很多年轻人却在最朝气蓬勃、精力旺盛的年纪，失去了对所有事物的热情，因为对生活的懒惰束缚了青春的脚步，而对青春的放纵加剧着他们空虚。于是感觉幸福感就会越来越低。

常常听到有人会抱怨生活不容易，过得并不快乐。其实在如今快节奏的现代生活中，人们在压力的作用下，总会遭遇到这样那样的不如意。此时，不要让灰色的心情停留太久，否则成功会因为信心的渐渐消退而离我们越来越远。可以小憩一会，对自己作下调整，然后再坚强地整装出发，去完成生活的目标，找到成功之路。

人生如水上行舟，总会遇到风浪。遇到了，不要胆怯，不要灰心，勇敢地面对，采取积极心态战胜困难，总会等到风平浪静，一帆风顺时。在伦敦的许多地方，我们都可以看到刻有一位著名建筑师名字的纪念碑，上面写着："本教堂和本城的建造者，克利斯托夫·雷恩长眠于此。去世时他已年过 90 岁，他的漫长的一生是为了公众利益而活着，并非为了自己。"

在这位建筑天才漫长的一生中，他从未接受过任何正规的教育，但却为这座城市建造了 55 座教堂、35 座大厅。

一次，为了修复伦敦的圣彼得大教堂，他特意去法国观摩巴黎的建筑。在雄伟的罗浮宫前，他感言道："要是能够设计出如此宏伟的建筑，即使粉身碎骨也心甘情愿。"

他的才华举世无双，这在他所设计的肯星顿宫、德鲁里兰剧院、大纪念碑、皇家交易所和汉普顿宫等建筑上得到了充分体现。他在牛津设计建造了许多教堂和学院，并把格林尼治宫改造成了海员的休憩之地。在伦敦大火之后，他又为城市提出了新的规划方案。而他一生中最重要的一件作品就是他为之倾注了35 年心血的圣彼得大教堂。

克利斯托夫·雷恩在幼年时体弱多病，令父母十分担心，但是正是他那无与伦比的热忱，使他拥有了不可思议的力量，让他在晚年时仍然身体健康。

激情是股伟大的力量，你可以利用它来补充你的精力，并发展出一种坚强的个性。有些人很幸运天生就拥有激情，其他人却必须努力才能获得。发展激情的过程十分简单。

从事你最喜欢的工作，或提供你最乐于提供的服务。如果你因情况特殊，目前无法从事你最喜欢的工作，那么，你也可以选择另一项十分有效的方法，那就是，把将来从事你最喜欢的工作，当作你的明确奋斗目标。其次要做到坚守。坚守不是消极地抱残守缺，而是有策略的。要注意以下几点：

（1）抱有雄心。雄心壮志是不可或缺的。真正坚守之人，可能会立下特别具有挑战意义的长期目标。

（2）自我约束。对于坚守来讲，自我约束也是非常重要的部分，研究表明，长于坚守的人都有很强的自我约束能力。他们是一种互补的关系，坚守是让人们持续不断地做某事，而约束力是让人们不去做某事，例如戒酒，戒烟等等。因此，对于坚守来说，自我约束也相当重要，能摒弃无关的诱惑。

（3）保持乐观。乐观是普通人和成功者之间的重要区别。乐观帮助成功者在遇到困难时仍能坚忍不拔、勇往直前。乐观者相信他们最终能获得成功，他们所做的就是不断地前进，做他们应该做的事，不去想过程中的障碍。

# 做一个有趣的人

一个人活得平淡无奇，自然会对身边一切看似普通的人都提不起兴趣，只有在追求"有趣"的过程中吃亏上当，才会发现，自己对有趣的追求和审美存在问题。到底什么样的人才是真的有趣？"有趣"意味着什么？意味着朋友们爱和你聊天，因为你总是妙语如珠，逗他们笑得花枝乱颤，总不会冷场。意味着朋友们爱看你发布的朋友圈，因为总是新鲜热辣，趣事连连。意味着朋友们总爱看你写的文章，因为总是观点新颖，论据独特，总有他们想不到看不到的视角。当然，还意味着异性缘特别好，只因为你有趣。在许多溢美之词中，如"深刻""博学""智慧""儒雅""风度""人格魅力"，如果用在某人的身上，这肯定是沾沾自喜的事，但如果某人被称为"有趣"，那真是天大的好事。

在生活中你会发现有这样的一些人，你跟他们聊天绝对不会想超过10分钟。因为每次与扯着扯着，你就会被传染上悲观厚重的情绪：比如你本来和他聊两性的意识形态，他会说他的另一半如何不好；你想和他们扯下地理历史，他们就会告诉你巷子口第三家店铺的老板是多么腌臜龌龊，把垃圾堆门口，天天打老婆打娃；你与他们说自己想买辆自行车骑行拉萨，他们就会说拉萨高原反应多吓人你当心命都给丢了……反正在他们的意识里，整个世界都是和自己作对的，充满危险的。他们常常会叹气、皱眉、咬牙切齿，做出双手交叉抱着手臂的防备姿势，长吁短叹的把你的心情搞得很糟糕。

所有有趣的事情，在他们的讲述里，都会变成一次陷害。有些话题，其实换个角度也没那么糟糕：比如下大雨了，你没带伞淋了湿透，你可以去反思下是自己没带伞的原因，这样下次也给自己提个醒。可他们不会，他们会抱怨，抱怨雨水多大啊，路人多冷漠啊，都没人给自己借伞啊，自己内心多无助啊，路况多不好啊。但同样的话题若换成一个有趣的人来讲述，他会挥舞着胳臂，幅度很大的像马戏团小丑故意引你发笑似的揩把雨水："今儿个咱给淋成落汤鸡了啊，哈哈哈哈，不过没带伞在雨水里走也像《雨中曲》一样的挺浪漫呢。"他还会和你聊聊这部电影，最后你们的话题会扩充成一次艺术之旅，结束的很轻松。

网上有句俗话，叫你有没有什么不高兴的事情，讲出来叫我们高兴。人生在世，谁都有那么些不快的事情，可如果你把这些都当作是一次好玩的历险，讲给那些也同样需要快乐刺激的人，就会活的特有滋有味。你的朋友圈子会越来越大，你的表达能力会越来越好，大家都会很喜欢和你玩，甚至期待第二天睁开眼就能见到你，就像吃羊肉面不能不放香喷喷的胡椒粉一样。

小锋有个本领，认识他的女性都特爱与他聊情感，她们不能告诉其他人的，都能告诉小锋。因为小锋有个原则，一不说别人坏话，二不倒是非，三对他人的隐私守口如瓶。她们会和小锋倾诉做女强人的疲惫、爱情的困惑、自己的梦想和运作公司的琐碎，还有拿到这个项目的诸多不易。小锋都悉数听着，安静地听她们发泄完毕，说完后会告诉她们，他理解她们，告诉她们做得很棒，也会针对一些他能解决的问题，提出有建设性的意见。大家都喜欢鼓励，特别是，同样的工作，你交给一个懂你倾听，为你出谋划策，把你当朋友的人，总比交给一个纯为利益而客套恭维彼此提防的点头之交要好，对不？

所以哪怕是从一家公司离职了，一些也都会变成小锋很好的朋友。他游走到哪座城市，都会收到消息，叫他去舍下一聚，请他吃饭。在工作中，老板也好、同事也好、客户也好，给小锋的评价不是公司多强的人，而是公司不能缺的开心果。还曾经有好几次客户要从公司要撬走他，开了更高的薪酬和职位。他辞职常要提多次，老板才会委屈而撒娇地说，大家离了你会很无聊啊！我们都很看好你的！你就不能不走嘛，再慎重的考虑下好嘛，离职那天，同事们纷纷从抽屉里翻出零食，拿出纪念品，摞到小锋的纸箱上，老板揉揉小锋的头发，会这样说："以后还来公司玩，咱公司的大门永远为你敞开着，想什么时候回来都可以，我们都需要你。"

这世上没有处理不好的关系，只要你爱笑、真诚、将心比心地对待他人。试想下没有人愿意听一个人重复的抱怨自己多累多烦躁多不幸。本来现在生存压力就大，我们要把全部心思都用在怎么让自己活得更好上面，更不愿匀出时间去听别人的悲观沉重——痛苦是会传染的。就算是朋友，整日的抱怨命运不济也会引人反感。所以在生活中做个有趣的人很重要。

有用，是给别人带来的价值。现代经济学上说，价格体现了一个产品的价值，同样的，给他人带来的价值也正是体现了自己的价值。因此你对别人越有用，你就越有市场。有趣则不同，它完全来自自己的内心的趣味，而无关乎能为他人带来什么。但恰恰是不媚俗的发源于内心，反而比前者更容易得到价值的认同。因为你有趣，会集中更多的资源和人脉。因为你有趣，你原本没想到的生意会被你吸引而来。因为你有趣，无心插柳柳成荫。这和当下甚得人心的"花若盛开，清风自来"异曲同工，讲的是同一个道理：当你关注自身的成长而放弃对外界的追随，外界就开始反过来追随你了。

把每一个碰到的人，都当朋友去相处，天塌下来也当棉花被盖着。做事做人都好玩点，你也会更快乐。要知道，一个人最糟糕的处境不是贫穷，不是病痛，更不是失恋——而是他逐渐被生活磨成一个无趣的人，自己却还浑然不觉，依旧过着乏善可陈的日子，聊着经年不变的话题。

曾经有姑娘，明明做着自己不喜欢的工作，却既不打算跳槽另谋高就也没有毅力去学习新知识进入新行业，天天抱怨工作无聊，一发动态全是满满负能量。不是半夜发张自拍配文"好烦啊睡不着"，就是大中午的发一段埋怨上司埋怨工作的话，再不就是转一下伪心灵鸡汤，什么"盖茨辍学依旧成世界首富，马云高考三次落榜如今成行业翘楚，所以读书根本没用"成天各种转发。此外还做起了微商，"只有你来找钱，没有钱来找你"。

除此之外，姑娘的生活别无其他内容。偶尔问起她的近况，也是经年不变的回答——就那样呗。她的生活，已经越来越贫乏，贫乏到不再因为天气晴好而心情愉悦，也不再因为收获了一次意外的惊喜而由衷感动。20 岁的年纪，竟活出了 80 岁的沧桑感——懒得去旅行，不想去运动，从来不努力却抱怨生活，抱怨周遭一切的不公。总之，姑娘韶华正盛，面容姣好，却是一个无趣的人。

而另一位姑娘却又是另一番景象，她温暖得就像一颗小太阳，让人不自觉地想要靠近。姑娘爱笑心宽，开心起来整个人都神采飞扬，很容易地便感染身边的人一起分享她的喜悦。更难得的是姑娘从不怨天尤人，而是以自黑和吐槽的方式跟别人讲自己的遭遇，明明很悲伤的事情从她嘴里说出来就跟相声一样令人捧腹。例如在超市被怀疑偷东西，换成别人大概要和人家理论一番非把对方说得服帖不可，姑娘却只是微笑说了句"我没有，需不需要查监控？"回家后发了条朋友圈"随意地喝着瓶雪碧就晃进了一家超市，付账的时候果然被质问雪碧怎么不付款"后面还附了一个笑脸。把窘迫的处境轻描淡写，却让人不得不佩服姑娘的高情商。是的，姑娘总有本事把生活的不愉快调剂成小舞曲，幽默乐观的性格到哪都招人喜欢。

姑娘长得一般，却活得格外漂亮。有趣如她，得到了身边很多人的赞赏，就连幸运女神也似乎格外眷顾她，在她身上总能发生美好的事情，姑娘的生活明媚如诗，让人不由得地想要分享她的喜悦。这两个姑娘一对比，大概很多人都更喜欢和后者接触。因为后者明显更加幽默有趣，对待生活常怀一颗好奇之心——擅长去发掘有趣，乐于去展现美好。这样的人，像阳光一样，照亮自己，也温暖他人，怎么能不招人喜欢呢？是的，这样的姑娘的确招人喜欢因为她活出了我所喜欢的生活态度：只要爱与阳光俱在，就该怀揣希望，期待美好——在每一个睁眼醒来的清晨，在每一个你所能掌控的现在。

同食人间烟火，她行，你也行。当你学会去喜欢自己所处的地方，不管它是繁华如梦还是荒凉如坟；当你乐意去发现生活中各种细小的动人之处，不管是角落里蜷缩着睡懒觉的小猫还是晾在阳台各种颜色的袜子；当你习惯用微笑去面对一切棘手的难题，在忙乱中依旧可以认真地给门前的花草浇浇水，趁着天晴晒晒被；当你在朋友圈和空间发的都是一些有趣的温暖的内容，在低落时翻看都还会忍俊不禁……

你会发现，你已经跟以前的自己截然不同——原来生活还可以这样活泼有趣，还有那么多值得期待的事情，还有那么多美得让人心醉的地方没去，还有那么多独特的人没有遇见，还有那么多新奇的小事，原来就发生在自己的身边……你会发现，自己已经在不知不觉间，活成了自己一直期待的那种样子，那种，明媚如画的样子。未来的路依旧遍布荆棘。愿你不被生活磨灭初心，一直是个有趣的人，是别人想拒绝也拒绝不了的热烈阳光。

有趣，真不是什么高不可攀的词。一个人的任性遇到了另一个人的了解。一个人的放纵遇到了另一个人的陪伴。一个人的坦诚遇到了另一个人的坦诚。世上的无趣，大部分都是遇错了对象。每个人的有趣，不是所有人都能了解的，也不是所有人都愿意陪伴的。因为有趣，都是需要付出代价的，都是需要累积的。时间会让有的人越来越有趣，也会令有些人越来越无趣。我们当然更愿意和那些有趣的人在一起。

小说里常有这样的场景，女主角不善言谈躲在角落，偏偏男主角看出她的有趣，跑过去搭讪。这种剧情，我是不信的。这样的故事，只因女主角太美丽。对于普通人而言，有趣不过是，放下成熟理性，而那一刻，有人愿意陪着我、纵容我。有趣的人，总是成对出现、扎堆出现的。因为有趣，往往是被激发出来的。

有趣往往是一种化学反应。和对的人在一起，才有火花四溅。有的人再有趣，和你的人生也没有太大的关系，那是别人的，不是属于你的。真正的有趣，绝不是套路。太多人见到的有趣，早已变了味。同样的笑话，反复跟不同的女人说过。同样的人生励志，美化过之后，对着不明真相的人说了一遍又一遍。你以为的那些有趣，很可能只是因为你善良软弱没见识而已。

　　真正有趣的人，并不多。他们内心有一个自己的王国，有一套自己对世界的理解，有自己的生活方式，有自己的一套审美。但这些，绝不是拿来撩妹的谈资，而是自然流露。不是对外有趣，对内无趣。对妻子横眉冷对，对情人温情脉脉，这不是有趣，只是追逐的手段。

　　这世界从来不会讨好任何人，每个人都会面临不同的困境，所谓的有趣，都是拿来抵挡无趣和困苦的，不是谈资，更不该是讨好。只有保留真性情的人，才是有趣的。他们以坦诚抵挡着虚伪；以懂得抵挡着无知；以万物有灵抵挡着世风日下。有趣的人，总会遇到另一些有趣的人。而那些无趣的人，很难变成真正有趣的人。因为，真正有趣的人，都是疲惫生活里的英雄，是不肯完全妥协的美丽心灵。

# 用笑声把坏心情赶走

我们在碰到不顺心的事时，总会出现坏情绪，如绝望、难过、看不起自己、自卑、甚至放弃……坏心情会降低我们的生活质量，影响我们的工作效率，还会破坏和谐的人际关系。古语说"一人向隅，举座不欢"。你垂头丧气，周围的人也很难高兴起来。

印度大文豪泰戈尔说："世界上的事最好是一笑了之，不必用眼泪去冲洗。"英国大戏剧家莎士比亚说："我愿意扮演一个小丑，在嘻嘻哈哈的欢笑声中老去；我宁可用酒温暖胃肠，不用悲哀的呻吟声去冰冷自己的心。"

我们都希望天天拥有一份好心情，但在实际生活中，却常常被坏心情笼罩。失恋，被老板炒鱿鱼，生意失败，股票套牢，没评上职称，与邻居吵架……这些都会使我们变得郁郁寡欢。有时一件鸡毛蒜皮的小事，也会立刻击垮我们，让我们眉头不展。作家刘震云写过一篇小说《一地鸡毛》，小说中有一个机关小干部，因为买的一块豆腐馊了，竟至一整天心情大坏，与妻子拌嘴，在机关不开心……

坏心情是有害的。它会损坏我们的健康。坏心情会使一个女人老得更快，会使我们的表情难看、皱纹增多、头发脱落，会使我们得糖尿病、抑郁症，甚至精神崩溃，它也会缩短我们的寿命。得过诺贝尔奖的医学博士亚力西斯·柯瑞尔说："不知道怎么抗拒忧虑的商人，都会短命而死。"一位西方人说："烦恼是具有最大破坏性且不利健康的心理恶习。"因此，我们必须战胜坏心情，要设法摆脱坏心情的纠缠。

《北京青年报》讲了现在一些年轻人排解坏心情的办法，叫"情绪化消费"。一位叫丹丹的女孩子，月收入不到 2000 元。接到男友分手的电话后，她什么也没说，下班后逛遍了北京的大商场，不管有用没用，买了不下 1 万元的衣服。回到家把买来的东西丢到柜子里，抱着玩具熊痛哭一场。另一个男青年小张，被单位辞退的当夜，满腹委屈地跑到最昂贵的酒店，要了最昂贵的洋酒，喝了一个通宵，然后被送到医院，花了一生中最多的一次医药费。……

遇到不愉快的事心烦、生气、心情恶劣这很正常。我们要设法化解它也是正确的，但不能采取丹丹和小张的做法：原来的愁闷不但没去掉，还添了新的心病。像小张，清醒后他第一个感觉就是：我犯的是什么傻气呀？别的不说，就那一夜一天扔出去的两万多块钱，以后的日子里，也许他每想起冒傻气的事儿，就要经历一次情绪低潮。这种代价太高了，图了一时之快，弄得自己追悔莫及。

其实，要化解坏心情，最好的办法就是以一种很超然、很客观的态度去对待引发坏心情的事实。要自我安慰，不要长久地陷在已发生的不幸事件中，要多去想想那些能令我们愉快的事。要明白这样的道理"烦恼与欢欣仅在一念之间""自寻烦恼者永远也不会寻不着烦恼"。

卡耐基说过，在我们的生活当中，约有90%的事是好的，10%的事是不好的。如果你想过得快乐，就应该把精神放在这 90% 的好事上面；如果你想痛苦，你就把精神头放在那 10% 的坏事情上吧。好多的时候，我们其实是自己在跟自己过不去。比如，今天的你担心明天的天气，担心明天要下雨，而这些都是自己无法控制的因素，去为这些担心、烦恼的确不值得，最多是自己的计划临时改变一下。

当我们小时候遇到别人的批评时，总是一整天都不开心，即使自己没有错。现在想想的确不值得，多年之后，谁又还记得谁，谁又知道你是谁，你在哪里。有时候，不要太在意别人的看法，因为每个人的立场不同，观点自然不同。

　　我们丢钱包，手机坏了，我们无法找到，无法修好的时候，想到的是该怎么弥补这其中的过错，比如，仔细回想钱包可能会落在哪，之后是身份证、银行卡的挂失，手机坏了，当然是想办法维修，难道你在那里自怨自艾就会好了吗？

　　当你真的难过烦恼的时候，可以让自己做点别的，比如去看一场电影，听一段音乐，打一场比赛，抑或是睡上一觉，当你真正的冷静下来会发现其实一切并没有想象中的那么艰难，其实一切都很好。

# 微笑让你沐浴在阳光里

微笑是一种令人愉悦的表情，是一种含意深蕴的面部语言，意味着积极、自信、友好、热情等阳光的一面。在与人交往上，面对一个微笑着的人，你会感到他的自信、友好，同时这种感觉也会感染你，使你和对方有亲切感。学会微笑，给自己一个微笑，给他人一个微笑，更给家人一个微笑。因为微笑也是一种动力，也是一种鼓励，更是一种向前冲的毅力。

珍妮是个总爱低着头的小女孩，她一直觉得自己长得不够漂亮。有一天，她到饰物店去买了只绿色蝴蝶结，店主不断赞美她戴上蝴蝶结很漂亮，珍妮虽不信，但是心里很高兴，不由昂起了头，面带微笑，急于让大家看看，甚至出门与人撞了一下都没在意。珍妮走进教室，迎面碰上了她的老师。"珍妮，你昂起头来真美！"老师爱抚地拍拍她的肩说。那一天，她得到了许多人的赞美。她想一定是蝴蝶结的功劳，可往镜前一照，头上根本就没有蝴蝶结，一定是走出饰物店时与人相撞时弄丢了。既然不是这个漂亮的蝴蝶结，那么又是什么使自己看起来更美，更能获得他人的赞美呢？一想之下，只有自己那自信的笑容，和那欢快的表情了。

微笑还可以融化人们之间的陌生和隔阂，打开通向友谊之门。当然，这种微笑必须是真诚的，发自内心的。曾经有这么一个广为流传的故事。

飞机起飞前，一位乘客请求空姐给他倒一杯水吃药。空姐很有礼貌地说："先生，为了您的安全，请稍等片刻，等飞机进入平稳飞行后，我会立刻把水给您送过来，好吗？"一刻钟后，飞机早已进入了平稳飞行状态，突然，乘客服务铃急促地响了起来，空姐猛然意识到，由于自己一时太忙，她忘记给那位乘客倒水了！当她来到客舱，看见按响服务铃的果然是刚才那位乘客。她小心翼翼地把水送到那位乘客跟前，面带微笑地说："先生，实在对不起，由于我的疏忽，延误了您吃药的时间，我感到非常抱歉。"这位乘客指着手表说道："怎么回事，有你这样服务的吗？你看看都过了多久了？"空姐手里端着水，心里感到很委屈，但是无论她怎么解释，这位挑剔的乘客都不肯原谅她的疏忽。

接下来的飞行途中，为了补偿自己的过失，每次去客舱给乘客服务时，空姐都会特意走到那位乘客面前，面带微笑地询问他是否需要水，或者别的什么帮助。然而，那位乘客余怒未消，摆出一副不合作的样子，并不理会空姐。

临到目的地前，那位乘客要求空姐把留言本给他送过去，很显然，他要投诉这名空姐。此时空姐心里虽然很委屈，但是仍然不失职业道德，显得非常有礼貌，而且面带微笑地说道："先生，请允许我再次向您表示真诚的歉意，无论你提出什么意见，我都将欣然接受您的批评！"那位乘客脸色一紧，准备说什么，可是却没有开口。他接过留言本，开始在本子上写了起来。等到飞机安全降落，所有的乘客陆续离开后，空姐本以为这下完了，没想到等她打开留言本，却惊奇地发现，那位乘客在本子上写下的并不是投诉信，而是一封热情洋溢地表扬信。

是什么使得这位挑剔的乘客终于放弃了投诉呢？在信中，空姐读到这样一句话："在整个过程中，你表现出的真诚的歉意，特别是你的12次微笑，深深地打动了我，使我最终决定将投诉信写成表扬信。你的服务质量很高，下次如果有机会，我还将乘坐你们的这趟航班！"

微笑是一种礼仪，是一种生活态度，是和谐的润滑剂。在社会学家的眼里，微笑是最好的社交入场券；在经济学家眼里，微笑是一笔巨大的财富；在心理学家眼中，微笑是最能说服人的心理武器。正如法国著名作家雨果所说："笑就是阳光，它能清除人们脸上的气色。"在服务行业中，当客人心情不好时，你真诚的微笑，优质的服务都会使客人心情愉悦，欢心消费。

人们常说："笑一笑，十年少。"之所以如此，自有其生理、心理上的规律。现代医学证明，发自内心的、快乐的笑容，能刺激内分泌腺体分泌激素，并可使血流加速，细胞吞噬功能增强，抗体和干扰素增加。此外，发自内心的笑与增强大脑功能有着密切的联系，能使脑垂体释放一种欢快物质，以减轻压力，振奋精神，调节神经系统功能，阻断疾病的恶性循环。笑学研究专家李·伯克教授说："笑是减轻紧张情绪的有效方法。"在发自内心的、快乐的笑之中，人体各个器官犹如在做保健按摩体操，特别是神经系统、呼吸系统、胸腹腔内脏以及膈肌会经受有益的锻炼，使其功能增强。笑还能促使面部血液循环加速而有美容美颜的作用，因而快乐的人不显老。曾在美国加州大学所做的一次称为"笑疗"的具有里程碑意义的实验中，科学家验证了笑对于患有严重疾病包括癌症的孩子有积极的影响。

不只在人际交往中，在事业的开拓上，微笑也能起着很大的作用。乐观自信的创业者每日里脸上都会挂满笑容，而笑容便是其资源的一部分，是其财富的源泉。你的微笑就是你好意的信使，你的笑容能照亮所有看到它的人。对那些整天都皱眉头、愁容满面、视若无睹的人来说，你的笑容就像穿过乌云的阳光。对你的员工，你的客户，你的销售商，还有你的投资者，你的朋友，你的微笑能帮助他们树立这样一种信心，那就是：一切都是有希望的，创业一定能成功。

威廉·怀拉是美国推销寿险的顶尖高手，年收入高达百万美元。他的秘诀就在于拥有一张令顾客无法抗拒的笑脸。

威廉原本是全美家喻户晓的职业棒球明星球员，40 岁退休后去应聘保险公司推销员。他想以他的知名度被录取是完全没问题的，没想到竟遭到了拒绝。人事经理对他说："保险推销员必须有一张迷人的笑脸，而你却没有。"

人事经理的这番话，深深印进了威廉的心里。此后，威廉立志苦练笑脸，他每天在家里放声大笑百次，他还搜集了许多公众人物迷人的笑脸照片贴满屋子，以便随时观摩。此外，他买了一面与身体同高的大镜子摆在屋子里，每天对着它练习自己的笑容。在不断地揣摩中，他终于悟出一点：发自内心如婴儿般天真无邪的笑容最迷人。后来成为百万富翁的威廉经常说："一个不会笑的人，永远无法体会人生的美妙。"

当你学会并习惯于以轻松愉悦的心情微笑地对待他人时，他人便也会以微笑回报你，带给你轻松与愉悦；而当你习惯以微笑面对生活时，生活便不只是沉重、晦暗，而更多地展现它轻快美好的一面；而当你习惯性地以微笑面对一切时，一种自然、快乐、轻松的情感便慢慢地充盈你的内心，生命的快乐也会自然而然地流露。

还是让我们记住艾勃·哈巴德的这段贤明的忠告吧！"每回你出门的时候，把下巴缩进来，头抬得高高的，沐浴在阳光中。微笑着招呼你的朋友们，每一次握手都使出力量。不要担心被误解，不要浪费一分钟去想你的敌人。试着在心里肯定你所喜欢做的是什么，然后在清楚的方向之下，你会径直地达到目标。"

微笑是一种无声的亲切的语言；微笑是一种无声的动人的乐章；微笑是人类一种高尚的表情；微笑是生活里永远明亮的阳光。人的一生，是要经历很多的，学会生活，学会微笑吧。让幸福伴随自己一生。一切事情都来自希望，而每一个诚恳的祈祷都会实现。我们心里想什么，就会变成什么。

# 只要不气馁，总能打开一扇门

每个人，每一天都要经历无数，总能面临着升学、就业、升职、结婚等各种机缘。也许它在你的内心只是留下几滴小雨；或是沉重地打击了你。但我们既然生活在这个世界上，能欣赏它的美好风光，也要必须经受住一次次洗礼。你要相信，这个世界上总有一扇门为你而开。

宇宙中存在着大自然的威力，人应该顺应这一威力而生存，这十分重要。因此，人在苦痛辛酸之时，要乐观地以积极式思维来解决问题。或许在你受到挫折而感到"完蛋了"之时，正是你站在一个新起点并迎来一个绝佳的机会的时候。

走向失败的人，每逢挫折时总是武断地认为"我是个百无一能的废物"，而不去积极开启就在眼前的一扇新的窗子，开发自己无限的可能性的机会其实就在眼前，结果却错失良机。因而，走向失败的人，其实是因为丧失了一个又一个的机会，故而人生道路艰难而残酷。即便你无论怎么做，也未能如愿地进入某一理想学校或公司时，也不必失望。这个时候，正需要进行积极式思维。

你在竭尽全力拼搏之后却仍旧不能如愿以偿时，应该这样想"上天告诉我，你转入另外一条发展道路上，一定能取得成功"；在因为一些原因不得不改变自己的发展方向时，也是一样，运用积极式思维告诉自己"原来是这样，自己一直认为这是很适合于自己的事，不过，一定还有比这个更适合自己的事"，你应该认为另外一条新的道路已展现在你的眼前了。不要失望，不要气馁，振作起来！沿着这条新的道路向前走。

在这一点上，日本麦当劳总裁藤田可称得上是典范。孩提时代，藤田便梦想做一名外交官，为此高中毕业后考入东京大学法学部。但是，有人说他，"你有大阪口音，所以是绝对当不了外交官的。"于是，他无可奈何地放弃了。外交官之路被关闭了，一个实业家之路向他敞开了。1971年他创设了日本麦当劳。没过多久，便将其发展成为外国食品产业在日本的第一号。

一条发展道路被封死了，不必绝望。如果能够在新的发展道路上全力以赴，那么，取得像藤田总裁这样巨大的成功，也并非异想天开。

女演员奥黛丽·赫本曾立志做一名芭蕾舞演员，但老师认为她不具备这方面的才能，于是她果断地放弃。成为一名深受世界各国人们喜爱的电影演员。日本获得文化勋章的作家井伏鳟二，从少年时代起便爱好绘画，毕业实习后就迫不及待地叩响了日本画家之门，却被断然拒之门外。后来，他考入早稻田大学，如今是一名成功的作家。

卡耐尔·桑达斯是肯德基炸鸡的创始人。6岁时随着父亲的去世，卡耐尔曲折的一生开始了。为了照顾年幼的弟弟，补贴家庭支出，他开始当起农民，进行田间劳动。卡耐尔性子暴烈，是个不实现自己的愿望绝不罢休的人。这种固执的性格，总成为他与别人争吵的原因，他为此不得不多次变换工作。他讨厌被别人使来唤去，开始自己经营一家汽车加油站，但不久受经济危机的影响，加油站倒闭。

第二年，他又重新开张一家带有餐馆的汽车加油站。因为服务周到且饭菜可口，他的生意十分兴隆。但是，谁曾想到一场无情的大火把他的餐馆烧了。他曾经一度几乎放弃再次经营餐馆的设想，最终还是振奋起精神，建立了一个比以前规模更大的餐馆。餐馆生意再次兴隆起来。可是，厄运又找上门来。因为附近另外一条新的交通要道建成通车，卡耐尔餐馆前的那条道路因而变成背街背巷的道路，顾客也因此剧减。65岁时卡耐尔放弃了餐馆。

万事休矣？然而，卡耐尔并未死心。他不再注视和缅怀那些已经失去的东西，而是珍重仍旧存在的东西。他想到手边还保留着极为珍贵的一份专利——制作炸鸡的秘方。现在，他决定卖掉它。为了卖掉这份秘方，他开始走访美国国内的西餐馆。他教授给各家餐馆制作炸鸡的秘诀——调味浆。每售出一份炸鸡他将获得 5 美分的回扣。5 年之后，出售这种炸鸡的餐馆遍及美国及加拿大，共计 400 家。

当时，卡耐尔已经 70 多岁。1992 年肯德基炸鸡的连锁店在全美达 5000 家，海外达 4000 家，共计扩展到 9000 家。我们从卡耐尔先生的生存方式中能够学到许许多多的东西。因为商店前的繁华街道突然间变为背道，迫使他不得不卖掉自己苦心经营的餐馆。如果不曾有这样的事情发生，卡耐尔能够达到今天如此辉煌的程度吗？那么，我们怎样来认识发生在卡耐尔先生身上的事情呢？

这就是我们一直在讨论的"危机正是机遇"。因而，只要时时刻刻不忘记逆境思维，那么，即使陷入深渊，你也不会惊慌失措。让我们敬佩之处的，还有卡耐尔先生毫不在意自己年事已高，以 65 岁高龄开始挑战新的商业领域。那些年纪轻轻而逃避挑战的人是一个精神上的老年人；相反，即使年纪很大，只要敢于向着梦想、向着理想不断挑战并相信能成功，那么他仍旧是一个精神上的年轻人。

人在遭遇危机时，为摆脱危机会绞尽脑汁，前文我们论述过，一般情况下，人们只使用着全部能力的 3%，而绞尽脑汁地思谋对策，会调动出平时未使用的 97% 的潜能。因此，越是在大危机的情况下，越会产生出其不意、克敌制胜的高超。如果你能改变你的思考方式，就会发现将自己逼入死胡同的危机或挫折，正是发挥一个人潜能的绝佳时期。拥有逆境思维的人会把危机变为机遇，并且获得比以前任何时期都巨大的成功。

# 快乐成了习惯，怎么还会有烦恼

现代心理学认为，快乐作为一种情绪，也是人的行为之一，正如弹琴与跳舞是人们的行为一样、经过练习，琴师用不着思考与决定，就可以习惯地按动琴弦，弹出悦耳的乐曲，经过练习，舞者用不着思考与决定，就可以自然地跳出动人的舞姿。同样道理，人们经过练习，也完全可以培养出快乐的习惯。

作家萧伯纳曾说过："如果我们感到可怜，很可能会一直可怜下去。"在日常生活中，有很多的琐事会使我们感到不快乐，但是我们可以通过思考使我们感到快乐，也就是：用大部分时间想着愉悦的感觉。对于烦恼、小挫折，我们很可能习惯性地反映出暴躁、不满、懊悔与不安，这样的反应我们可能"练习"了很久，所以成了一种习惯。这种不快反应的产生，大部分是由于我们把它解释为"对自尊的打击"等这类原因的结果。例如：司机没有必要冲着我们按喇叭；我们讲话时某位人士插嘴打断我们；认为某人应该帮助我们而事实竟没有；甚至个人对于事情的解释，结果也会伤了我们的自尊；我们要搭的公共汽车竟然迟迟未开；我们计划要郊游，结果却下起雨来；我们急着赶搭飞机，结果交通阻塞。这样我们的反应是生气、懊悔、自怜，或换句话说——闷闷不乐。

你让外在的事情任意支配着你的感觉与反应，就像是驯服的奴隶一般，当事情或环境发信号给你时，你就迅速地听从命令。学习快乐的习惯，你就可以成为情绪的主人而不成为奴隶，快乐的习惯可使一个人不受外在情况的支配。

　　遇到悲哀的情景与逆境，只要我们在不幸事件之上不再加入自怜、懊悔与不顺的情绪，即使不会感到完全快乐，通常也多少能感觉到些欢愉。快乐对心灵与肉体有不可分的关系。快乐时我们能想得更好，做得更佳，感觉更舒服，身体更健康，甚至身体的感官更敏锐。

　　很多人不敢追求快乐，因为他们觉得那是"自私的""错误的"。不自私确实能走向快乐之门，因为它不仅让我们的心思远离了以自我为中心、犯错、困扰与自傲；同时还使我们能创造地表达自己，并完成帮助别人的善举。人类最愉悦的思想是被人需要的想法，是他能助人得到快乐的想法。

　　快乐源于不自私的行为，它是一种行为的自然伴随物，不是薪饷，不是奖品。如果我们因不自私而得到报酬，那么下一个逻辑的推理是：如果我们使自我牺牲，我们就会更快乐。这个前提所得到的荒谬结论是：快乐之门就是忧愁。

　　快乐不是赚来的东西，也不是应得的报酬。快乐不是道德的产品，就像血液循环不是道德的产品一样，但血液循环与快乐两者却都是健康与生存的必需的。我们不是正在生存，而是希望生存，并且盼望永远快乐，但这都是永远不可能的事实。不快乐的人最普遍原因是他们企图照着受阻的计划生活。目前他们不是在生活，也不是在享受人生，他们是在等待将来发生的事情。

　　快乐是一种心理的习惯，是一种心理的态度，人如果目前不练习这个习惯，不培养这个态度，将来就永远不会体验到。快乐不是在解决外在问题的条件下而产生的，一个问题解决了，另外一个问题还会接踵而至，生活就是一连串的问题。如果要快乐，你现在必须快乐起来，不要"有条件"地快乐。

　　我们的内心与习惯是配合在一起的：一方经过改变，另一方也会自动随着改变。"习惯"这个词的英文原意是一块布，一件外衣。这个词使我们可以看出"习惯"的真正性质。我们的习惯实际上就是人穿的外衣，它们不是偶然的，也不是偶发的，我们穿外衣，因为能够合身，因为它们与我们的内心与整个个性相吻合。我们有意培养新的习惯时，我们的内心常常容不下旧的习惯，而必须换上一袭新的款式。

当提到改变习惯的行动或采取自动自发的新行动时，许多人都畏缩起来，他们把"习惯"与"癖好"混为一谈，癖好是使人有压迫感的一种习惯，而且会引起严重的退缩现象。相反，习惯只是我们培养的一种不需"思考"与"决断"的自动反应，习惯是由我们自身所创造出来的。

钢琴家按琴键不需经过"决定"，舞蹈家移动舞步不需经过"决定"，他们的反应是自动的，不需思考的。非常类似的是，我们的态度、情绪、信仰也很易于习惯化。过去我们"学到"某种态度（也就是感觉、思想的方法）"适合"于某种情况；当我们遇到自己所认为的"相同情况"时，也会以同样的方法来思考、感觉与行动。

我们应该了解，这些习惯不像癖好，只要做个决定。再练习"演出"新反应与新行为，这些习惯是能够予以模仿，并加以改变扭转的。钢琴家要弹一个不同的琴键，他可以有意识地决定去按，舞蹈家要学新舞步，他也可以有意识地"决定"去学。完全学会新行为必须要不断地注意与练习。

习惯上你先穿右脚鞋或左脚鞋，习惯上你系鞋带是先系右边的带子，后系左边带子，或许正好相反。明天早上注意你习惯怎么穿怎么系，然后决定在 21 天里改变先穿另一只鞋子，并且用另外一种方法系鞋带。每天也利用这种简单方法时时提醒自己，改变其他的习惯性思考、感觉与行动。穿鞋时对自己说："我正以一种新的好方式开始今天的日子。"接着，心里要有以下的决定：

（1）要尽可能帮助别人。

（2）要对别人更加友善。

（3）要练习每天至少微笑 3 次。

（4）不管发生什么事情，我的反应要尽可能地镇定明智。

（5）不让自己的观念将事实染上一层悲观或否定的色彩。

（6）对于无法改变的悲观与否定的"事实"，永远不去想它。

（7）对他人要少苛求，对他们的错误、失败、过错要多加容忍，对他们的行动要寻求可能的最佳解释。在可能的范围内，我的行为方式要表现得仿佛成功果实唾手可得，而且我现在的个性就是我所希望的个性，一切的行为与感觉要朝着这个新个性加以练习。

养成快乐的习惯，你就变成一个主人而不再是奴隶，健康并欢乐，不是每一个人都能常常拥有的，它需要发现亦需要培养。谁能握住欢乐的源流并使它汇聚成河，流过我们短暂的一生，谁无疑就是一个心头有鸟声啁啾、脚下有绿草鲜花的、智慧且心胸宽大的人！

# 在无聊中给自己找趣

你是否对身边的事感觉到无趣，是否在一些场景里觉得心不在焉？而事实上，每个人都会偶尔觉得无聊，特别是在沉闷的环境中，无聊感会油然而生。研究者称，无聊感并不是单纯由客观环境引起的，而是意识层面一种主观的感受。聊是对欲望的渴望，当一个人没有任何欲望而又渴望有欲望之时，就容易感到无聊。

在叔本华看来，无聊是欲望满足之后的一种无欲望状态，可说是只知其一不知其二。完全无欲望是一种恬静状态，无聊却包含着不安的成分。人之所以无聊不是因为无欲望，而是因为不能忍受这无欲望的状态，因而渴望有欲望。无聊的前提是闲。一般来说，只要人类在求温饱之余还有精力，无聊的可能性就存在了。席勒用剩余精力解释美感的发生。其实，人类特有的一切好东西坏东西，其发生盖赖于此，无聊也不例外。

所谓闲，是指没有非做不可的事，遂可以自由支配时间，做自己感兴趣的事。闲的可贵就在于此。闲了未必无聊，闲着没事干才会无聊。有了自由支配的时间，却找不到兴趣所在，或者做不成感兴趣的事，剩余精力茫茫然无所寄托，这种滋味就叫无聊。

没有比长途旅行更令人兴奋的了，也没有比长途旅行更容易使人感到无聊的了。人生，就是一趟长途旅行。一趟长途旅行，意味着奇遇，巧合，不寻常的机缘，意外的收获，陌生而新鲜的人和景物。总之，意味着种种打破生活常规的偶然性和可能性。所以，谁不是怀着朦胧的期待和莫名的激动踏上旅程的？然而，一般规律是，随着旅程的延续，兴奋递减，无聊递增。

我们从记事起就已经身在这趟名为"人生"的列车上了。一开始，我们并不关心它开往何处。孩子们不需要为人生安上一个目的，他们趴在车窗边，小脸蛋紧贴玻璃，窗外掠过的田野、树木、房屋、人畜无不可观，无不使他们感到新奇。无聊与他们无缘。不知从何时起，车窗外的景物不再那样令我们陶醉了。这是我们告别童年的一个确切标志，我们长大成人了。我们开始需要一个目的，而且往往也就有了一个也许清晰但多半模糊的目的。我们相信列车将把我们带往一个美妙的地方，那里的景物远比沿途优美。我们在心里悄悄给那地方冠以美好的名称，名之为"幸福""成功""善""真理"等等。

不幸的是，我们一旦开始憧憬一个目的，无聊便接踵而至。总感觉既然在远处生活，近处的就算不上生活；既然目的最重要，过程就可忽略不计。虽然心飞向未来，可是身体还留在现在。视正在经历的一切为必不可免的过程，耐着性子忍受。愈是心中老悬着一个遥远目的地，愈耐不住长途的漫长，容易百无聊赖。由此可见，无聊生于目的与过程的分离，乃是一种对过程疏远和隔膜的心境。孩子或者像孩子一样单纯的人，目的意识淡薄，沉浸在过程中，过程和目的浑然不分，他们能够随遇而安，即事起兴，不易感到无聊。

那些商人或者如商人一般精明的人，有非常明确实际的目的，以此指导行动，规划过程，目的与过程环环相扣，他们能够聚精会神地分秒必争，也不易感到无聊。怕就怕既失去了孩子的单纯，又不肯学商人的精明，目的意识强烈却并无明确的实践过程，有所追求但所求不是太缥缈就是太模糊。"我只是想要，但不知道究竟想要什么"。这种心境是滋生无聊的温床。心中弥漫着一团空虚，无物可以填充。当到手的东西却不是自己想要的，怎么不会产生无聊呢？

　　等的可怕，在于等的人对于所等的事完全不能支配，对于其他的事又完全没有心思，因而被迫处在无所事事的状态。有所期待使人兴奋，无所事事又使人无聊，等便是混合了兴奋和无聊的一种心境。随着等的时间延长，兴奋转成疲劳，无聊的心境就会占据优势。在这种情况下，你应该找出无聊的原因，改变自己的想法，激发自己的想象力，培养好奇心，培养自己的兴趣爱好，让自己的生活变得充实而有趣。

# 有奉献、有收获、有幸福

幸福的产生与否在于一个人的心态如何，那种善良的心、仁慈的爱能产生巨大的威力，迎来盼望的幸福。在这个地球上，毕竟只有充满着爱心的角落、家庭，才能得到幸福的光线照耀。而无条件地付出是一种真情的奉献，是一种爱的表现，其结果常常会赢得更多的收获。

一直以来，春种秋收都是自然界的发展规律，只要你在春天进行播种，那么等秋天到来的时候就会有所收获。这也正是人们平时所说的"种瓜得瓜，种豆得豆"的道理。你撒下怎样的种子，就能得到怎样的回报。其实，这不仅是自然界的规律，也是世界上所有人在做事时都需要遵循的一个规律。即便是人人都渴望得到的成功，也是同样的道理。

哲学家菩德曼曾说过这么一句话："播种一个行为，你会收获一个习惯，播种一个习惯，你会收获一个个性，播种一个个性，你会收获一个命运。"世间万物都是有了付出才会得到的。所以，当你付出了勤奋，那么你才有可能成为天才；然而如果你付出的是懒惰的话，那么注定你将一生碌碌无为，最终被社会所淘汰。当你为你认为值得的人做任何事，至少你不会后悔自己没能为他做什么，你会很知足，心里很踏实。赠人玫瑰手有余香，说的就是这个意思，付出有时候比得到更让人快乐和幸福。

世界著名的精神医学家亚弗烈德·阿德勒曾经发表过一篇令人惊奇的研究报告。他常对那些孤独者和忧郁病患者说："只要你按照我这个处方去做，14

天内你的孤独忧郁症一定可以痊愈。这个处方是——每天想想，怎样才能使别人快乐？让别人感到人世间的爱心力量。"

有一个 50 岁的女人，丈夫去世不久，儿子又坠机身亡，她被悲伤和自怜的感情所包围，久而久之得了忧郁症，甚至产生了自杀的念头。好心的邻居带她去找亚弗烈德·阿德勒，阿德勒问清病情后劝她去做些能使别人快乐的事。一个 50 岁的她能做些什么呢？她过去喜欢养花，自从丈夫和儿子去世后，花园都荒芜了。她听了亚弗烈德·阿德勒的劝告后，开始整修花园，施肥灌水，撒下种子，很快就开出鲜艳的花朵。从此，她每隔几天将亲手栽培的鲜花送给附近医院里的病人。她给医院里的病人送去了温馨，换来了一声声"谢谢您！"这美好的"谢谢您"轻柔地流入她的心田，治愈了她的忧郁症。她还经常收到病愈者寄来的贺年卡、感谢信，这些卡和信帮助她消除了孤独感，使她重新获得人生的喜悦。

有一个盲人在夜晚走路时，手里总提着一个明亮的灯笼，别人看了很好奇，就问他："你自己看不见，为什么还要提灯笼走路？"

那个盲人满心欢喜地说："这个道理很简单，我提上灯笼并不是给自己照路，而是为别人提供光明，帮助别人。我手里提上灯笼，别人也容易看到我，不会撞到我身上，这样就可以保护自己的安全，也帮助了自己。"

在漫漫的人生道路上，你如果觉得自己孤寂，或者觉得道路艰难，那你就照着阿德勒的话去做，只要心中有一盏温暖的奉献之灯，就将照亮你暗淡的心灵，获得温暖，度过寒冷的冬季，跨过每一道障碍。因为爱的表现是无条件地付出、奉献，而最终结果是无偿地收获。

你在送别人一束玫瑰的时候，自己手中也留下了最持久的芳香。当我们把自己的东西与别人分享时，我们得到的东西就会扩大和增加。因此，我们要与别人分享好的和值得向往的东西。我们帮助的人越多，我们得到的帮助也就越多。

每个人都能够给他人提供帮助，而帮助别人并不是只有富人才能实现的，每个人都能以我们自己的一部分力量帮助别人。人不管做什么工作，都可以在心中培养一种炽烈的愿望去帮助他人。这些帮助有时是一次微笑、一句亲切的话，或是发自内心的温暖的感激、喝彩、鼓励、信任和称赞等。

有个人被带去观赏天堂和地狱，以便比较之后，能聪明地选择他的归宿。他先去看了魔鬼掌管的地狱。第一眼看上去令人十分吃惊，因为所有的人都坐在酒桌旁，桌上摆满了各种佳肴，包括肉、水果和蔬菜。

然而，当他仔细看那些人时，却发现没有一张笑脸，也没有伴随盛宴的音乐或狂欢的迹象。坐在桌子旁边的人看起来沉闷、无精打采，而且瘦得皮包骨。这个人发现每个人的左臂都捆着一把叉，右臂捆着一把刀，刀和叉都有 4 尺长的把手，使它们不能用来吃东西。所以即使每一样食物都在他们手边，结果还是吃不到口中，一直在挨饿。

然后他又去了天堂，景象完全一样——同样的食物、刀、叉和那些 4 尺长的把手。然而，天堂里的居民却都在唱歌、欢笑。这位参观者一下子觉得困惑了，怀疑为什么情况相同，结果却如此的不同。最后，他终于知道答案了。在地狱里的每一个人都试图喂自己，可是一刀一叉，以及 4 尺长的把手根本不可能吃到东西。在天堂里的每一个人却都在喂对面的人，而且也被对面的人所喂。因为互相帮助，结果也使自己获益。

这个故事的道理很简单。如果我们帮助其他人获得了他们需要的东西，我们也会因此而得到想要的东西。而且我们帮助的人越多，我们所得到的也就越多。

有一位年轻人，在一家商店服务了 4 年之久，然而并未受到店方的赏识，因此他目前正在寻找其他的工作，准备跳槽。

然而有一天，外面下着大雨，有位老妇人走进了这家商店，并且在商店内闲逛。大多数的店员对老妇人都是爱理不理的。只有这位年轻人主动地向她打招呼，并很有礼貌地问她是否有需要他服务的地方。这位年轻人陪着老妇人逛了整个商店，对各种商品进行了讲解，并且主动为老妇人提着买的各种物品。

当老妇人离去时，这名年轻人还陪她到街上，替她把伞撑开。这位老妇人对他的服务和帮助极为满意，向他要了张名片，然后径自走了。

后来，这位年轻人完全忘记了这件事，而是开始寻找更好的工作。没想到有一天，他突然被老板叫到办公室去，老板给他提供了一份更好的工作，而这份工作正是那位老妇人——富商的母亲，亲自要求他担任的。

世界上没有什么比给予更有意义、也更有意思的事了。阳光、空气、时间、空间都是免费为我们提供的。有人收取土地出让金，但是大地本身没有收取；有人收取水费，但是水本身没有收取。为此，天才长，地才久。

# 第8章

## 你一定会做得更好

# 实力就是那么强硬

　　"物竞天择，适者生存"这是自然界不变的真理，人类也是因为在自然变化中不断地适应新的环境，不断地变化，才成为地球中的主宰者。在人才济济、竞争激烈的现代社会中，人人都渴望成功，而严峻的现实却阻断了人们想要朝前飞跃的梦想。面对优胜劣汰的社会，如何让自己成为成功者就成了重要的话题。

　　李连杰在很小的时候父亲就去世了，因为家境实在太差，没有办法的他只能加入了武术队，靠每月微薄的补贴来养家。

　　从 11 岁开始，李连杰连续 5 次拿到全国武术比赛冠军，虽然在他 18 岁因为拍摄《少林寺》而一夜成名，可是却在第二年被摔断了腿，并险些成为废人。好不容易等来了《黄飞鸿》系列电影的大卖，但此时他的经纪人却遭到黑道的枪杀，又让他的事业重新陷入低谷……这些很快就过去了，可是不幸的是在 2004 年的印尼海啸中，他又差点妻离子散命丧异地。谈起这段经历，李连杰说："你无法想象，你的眼前出现洪水肆虐时的惊恐与不舍，也是很少人能面对的。"

　　当然也可以理解，李连杰之所以能够被大家认可，也是大家通过电影对他的了解。感觉他就是电影中那些硬汉，不但身怀绝技，而且从精神到肉体都是天生的强大，而事实上，他也只是一位由血肉组成的普通人，甚至很多情况下他也会变得非常脆弱，而且有一段时间，李连杰曾天天想着出家当和尚。但是，他的想法被少林寺的一位高僧制止了，高僧对他说出家并不能从根本上把问题解决掉，佛家还讲究入世修行呢。于是李连杰便去了好莱坞发展是，高僧要他记住一句话"一切困难都是为了使自己变得更强大"

在好莱坞的发展，让他的心变得更加强大起来，他从此不再惧怕任何困难，甚至对困境抱着一种"欢迎"的态度。很多朋友都认为他是着魔了，但只有他心里知道，只不过是因为在困难中修炼而已。

成龙的那首歌在大家的记忆中已经是滚瓜烂熟的了，是啊，他唱得多好啊！"不经历风雨，怎么见到彩虹，没有人能随随便便成功！"李连杰的经历再一次证明了这一事实，因为经历得多了，在与困难做斗争的过程中，让他变得越来越强大，让他成为战胜困难的强者，在好莱坞中闯出属于自己的一条道路，并在以后的发展中让自己变得越来越强大，从而使他的人生充满着无限光彩。

邓亚萍，河南郑州人，她是前国家队乒乓球运动员，1983 年入河南省队，1988 年被选入国家队，1997 年退役后进修个人学业；其运动生涯中，获得过 18 个世界冠军，连续两届 4 次奥运会冠军，邓亚萍是第一个蝉联奥运会乒乓球金牌的球手，曾获得 4 枚奥运金牌，被誉为"乒乓皇后"，是乒坛里名副其实的"小个子巨人"。

身高仅 1.55 米的邓亚萍手脚粗短，似乎不是打乒乓球的材料。但邓亚萍凭着苦练，以罕见的速度，无所畏惧的胆色和顽强拼搏的精神，13 岁就夺得全国冠军，15 岁时获亚洲冠军，16 岁时在世界锦标赛上成为女子团体和女子双打的双料冠军。1992 年，19 岁的邓亚萍在巴塞罗那奥运会上又勇夺女子单打冠军，并与乔红合作获女子双打冠军。1993 年在瑞典举行的第四十二届世乒赛上与队员合作又夺得团体、双打两块金牌，成为名副其实的世界乒乓球坛皇后。

1997 年后，她先后到清华大学、诺丁汉大学和英国剑桥大学进修学习，并获得英语专业学士学位和中国当代研究专业的硕士学位。邓亚萍不断要求自己，做作业也要和完成训练课一样，绝对是今日事今日毕，毫不含糊。她这种刻苦学习的精神，让辅导老师和学友都深表叹服。2008 年，邓亚萍从英国剑桥大学基督学院毕业，获得土地经济学博士学位。拥有 18 个世界冠军头衔的邓亚萍在学生舞台上也站上了新的高度。在剑桥大学近八百年的历史中，第一次有像邓亚萍这种重量级的世界顶尖运动员拿到博士学位。

曾经是一位身体仅 1.55 米的邓亚萍一路走到现在，是多么的不容易！这样的成绩又需要多么深厚的实力才能达到，可是邓亚萍做到了，当然她的人生也是充满着无限的辉煌，人们常说你付出多少，就能得到多少，在邓亚萍的身上得到了很好的印证。

不管是人与人之间，或国与国之间都如此，只要把注意力用在发展自己、壮大自己的实力上，不仅能迅速增强自己的实力，而且这强大的实力往往可以征服你的对手，因为此时的你已不是当初的你了，仅就你用全部的力量来发展自己的实力这一点，对你的对手就具有强大的威慑力，更不用说别的了。当然对那些死心塌地要"吃"掉你的人，你定要有两手准备：一是努力发展、壮大自己；二是要密切关注对手的动静，不能让对手的侵犯行为再伤害自己！这绝不是不原谅对手，因为与这样的对手一味地讲原谅，只能更助长其嚣张气焰。这样有区别地对待对手的做法，其实，是一种征服对手、广交朋友的最高境界。

# 别怀疑，你一定做得更好

很多人有这样的困惑，我很自卑，因为我怎么怎么着，有了这样的心态，就总会抱怨自己没有钱，长得丑或是与人相处难，以及自己的愿望没有达到等。

其实自卑是许多悲剧的根源，人们会因为自卑而将自我置于别人之下，先比较，然后批判自己，无限夸大别人的能力，这种夸大又反衬出自己的渺小，这是伤害自我的致命武器。我们会觉得自己各方面都不如人，有各种各样的缺点和不足，而别人却完美无瑕。也许他们本来极为优秀，但在内心里却轻视自己。他们内心焦虑不安，没有自己的主见，用别人的判断标准扼杀了自己的信心。这样就乏对生活的勇气，不敢与强大的外力相抗衡，让自己在痛苦的陷阱中挣扎。

"我的地盘我做主！"每个人的生活都是一个色彩地带，但要想真正成为多彩生活的主宰者，你需要时刻肯定自己，任何时候，当你调换手中的遥控器时，需要让心灵的视窗选择自信的频道。

美国哲学家拉尔夫·爱默生说："肯定自己是成功的第一秘诀。"人生的关键在于肯定自己，然而，有太多的人不敢相信自己，常常怀疑自己，甚至陷在自卑的泥淖中，从而迷失在生活的迷雾中。

其实，每个人都是不完美的，也许你没有值得骄傲的成绩，或许你有自卑的过去，但你要相信你自己，你的身上肯定具有别人无法企及的优点。其实，只要你保持一份自信的心，对自己充满信心，懂得肯定自己，谁也阻止不了你因此而获得的精彩人生。

当遇到困难时，我们常常会想，这时候要是出现一个救世主，帮我们脱离苦境就好了。很多人都在这份幻想中沉沦，但救世主却一直没有出现。于是，只能在困境中挣扎。其实，处于困境之中时，只有你能够使自己摆脱困境，只有你能够救自己，你是你自己的救世主。

当然了，当一个人遇到不如意的事情时，希望能有一个救世主，把自己从困境中摆脱出来。这种想法自然是可以理解。然而，每个人的命运都是掌握在我们自己手里的，我们每个人的手里都握着自己的生杀大权，你是想要快乐和幸福，还是在抱怨和困苦中度过一生，都取决于你自己的双手。

曾经有这么一个人，把自己多年的积蓄以及全部财产都投资到一种小型制造业上。原本想从此能脱贫致富，让老婆孩子过上好日子。然而，初次经商的他对变化无常的市场把握不当，再加上原料价格不断上涨等原因，他的生意一直不顺，经常亏本，最后，企业经营不下去，破产了。

由于他妻子从原来的单位下岗了，他的企业一破产，他的家庭一下子失去了经济来源。并且还欠下了好多债务，处于绝境之中的他，对自己的失败、对自己那些损失无法忘怀，毕竟那是他半辈子的心血和汗水。好几次，他都想跳楼自杀，一死了之。

一个偶然的机会，他在一个书摊上看到了一本名为《怎样走出失败》的旧书，这本书让他受到了巨大的振动，给他带来了希望和重新振作的勇气，他决定找到这本书的作者，希望作者能够帮助他重新站起来。

当他找到那本书的作者，讲完了他自己的遭遇，那位作者却对他说："我已经以极大的兴趣听完了你的故事，我也很同情你的遭遇，但事实上，我无能为力，一点忙也帮不上。"

他的脸立刻变得苍白，低下了头，嘴里喃喃自语："这下子彻底完蛋了，一点指望都没有了。"

那本书的作者听了片刻，说："虽然我无能为力，但我可以让你见一个人，他能够让你东山再起。"

他立刻跳起来，抓住作者的手，说："看在老天爷的分上，请你立刻带我去见他。"

作者站起身，把他领到家里的穿衣镜面前，用手指着镜子说："这个人就是我要介绍给你的人，在这个世界上，只有这个人能够使你东山再起。除非你坐下来，彻底认识这个人，否则你只有跳楼了。因为在你对这个人没有充分认识以前，对于你自己或这个世界来说，你都将是没有任何价值的废物。"

他站在镜子面前，看着镜子里的那个满脸胡须的面孔，认真地看着。看着看着他哭了起来。

几个月之后，作者在大街上碰见了这个人，几乎认不出来了。他的脸不再是几十天没刮的样子，脚步也异常轻快，头抬得高高的，衣着也焕然一新，完全是一个成功者的姿态。

他对作者说："那一天我离开你家时，只是一个刚刚破产的失败者。我对着镜子找到了自信。现在我又找到一份收入很不错的工作，妻子也重新上岗，薪水也很可观。我想用不了几年，我就会东山再起。"他还风趣地对作者说："也许再过几年，我再去找你，就会给你一份报酬，你应得的报酬，因为正是你介绍我认识了我自己，使我对人生又充满了信心。"

是啊，自己才自己的救世主。其实，弱者与强者之间，成功者与失败者之间的差距，有时候仅仅因为一个人的意志力发生变化。人生被改写，乾坤被扭转，有时候就因为信心的不同。

这个世界是由自信心创造出来的，自信是快乐与成功的秘诀，充分的自信和坚忍不拔的声音，是事业取得成功的一个重要条件，请相信自己，克服自卑，做最好的自己。当你遭遇人生困境时，请不要泄气，相信你自己能够成为你自己的救世主。一旦有了意志和信心，就能战胜自身的各种弱点，就能战胜各种人生困境，向着目标进发，取得最终的胜利！

# 在合适的地方才能做好事

　　人的一生不论你从事什么职业，处于哪个阶段，扮演何种角色，无论你是自觉的，还是不自觉的，其实都在随时选择着自己的定位。定位就是人或事归于适当的位置并做出的某种评价。我们的生命就像是恒星一样，放在什么样的位置，就能在什么样的位置发光，每个人在生活中，都要尽可能找准自己的位置。

　　在我们生命的力量中，唯一可以成就的事，只不过是尽力地发挥个人的特质而已，承认生命中的完美与不完美，也就是选择那些最适合我们发展的职位、职业以及我们想要的生活方式。找到一个适合自己的位置，比去寻找如何才能成功更具有意义。那些总抱怨自己怀才不遇者，其实是被放错了地方。而只有物尽其才，人尽其用，才能真正发挥其应有的作用，实现自身的价值。

　　明朝冯梦龙《古今谭概》"俗语云：龙居水浅遭虾戏，虎落平阳被犬欺。"又有俗话云："落魄的凤凰不如鸡。"事实就是如此。刘备算得上是《三国演义》中的英雄，有用武之义，有用武之气，有用武之才，但无用武之地，正是诸葛亮的隆重对策，指出了以西川为用武之地的策略，正是切中要害，从此让刘备一步一步壮大起来。再退一步讲，如果刘备安于贩屦织席为业，张飞安于卖酒屠猪，关羽安于推车挑担，没有结义后的以天下为自己用武之地的抱负，也就没有了这段波澜壮阔的三国历史了。

　　何谓明智？知人者明，自知者智。正如真理和谬误只是一步之遥一样，天才和庸人也是一步之遥。每个人，在有了知识和技能储备以后，下一步就是找到自己的"位置"，找对了位置就是天才，找不对地方就只能做一个庸人。聂卫平下棋很厉害，但比长跑可能不如我们。刘翔跑得很快，下棋水平可能比我们差远了。别看姚明打篮球是好手，比赛写稿子，很可能跟我们差一大截。但他们三个人，都是世界冠军，是因为他们找到了自己的位置，然后在这位置上付出了自己的不懈努力。

一位心理学博士就曾经感慨："我从事心理学研究十几年，一个最真切的感受就是做人要有清晰的定位。"一个人在社会生活中，总要处于一定的社会位置。社会对处于不同位置的人有不同的要求。当这个社会个体按照社会对他的要求履行其义务、行使其权力时，他就扮演了一定的社会角色。在这个过程中，人往往是被动的，难免会出现这样那样的不平衡。人人都羡慕那些成功的人，却很少有人记得他们背后浸透着那些奋斗的汗水。

彼尔在读高中时，校长对他的母亲说："彼尔也许不太适合读书，他的理解能力太差，简直让人无法接受，他现在甚至弄不懂两位数以上的计算。"母亲很伤心，就把彼尔领回家，准备靠自己的力量把他培养成才，然而彼尔对读书没有一点兴趣。

一天，当彼尔路过一家正在装修的超市时，他发现有一个人正在超市门前雕刻一件艺术品，彼尔对此产生了浓厚的兴趣，他凑上前去，好奇而又用心地观赏起来。不久，母亲便发现彼尔只要看到什么材料，包括木头、石头等，必定会认真而仔细地按照自己的想法去打磨和塑造它，直到它的形状让他满意为止。母亲很着急，她不希望儿子因为这些无关紧要的东西而耽误了学习。

可是彼尔最终还是让母亲失望了，没有一所大学肯录取他，哪怕是本地并不出名的学院。母亲感到非常失望，就对彼尔说："你已经长大了，走自己的路吧！"彼尔知道在母亲眼中他是一个彻底的失败者，他很难过，但还是决定远走他乡去寻找自己的事业。

许多年后，市政府为了纪念一位名人，决定在政府门前的广场上放置名人的雕像。许多雕塑大师纷纷献上自己的作品，每个人都期望自己的大名能与名人联系在一起，这将是难得的荣耀和成功，最终一位远道而来的雕塑大师获得了市政府及专家的认可。

在开幕式上，这位雕塑大师说："我想把这座雕塑献给我的母亲，因为我读书时没有获得她所期望的成功，我的失败令她伤心失望。现在我要告诉她，大学里没有我的位置，但生活中总会有我一个位置，而且是成功的位置。我想对母亲说的是，希望今天的我至少不会让她再次失望。"

这个人就是彼尔。在人群中，彼尔的母亲喜极而泣。她终于明白自己的儿子并不笨，只是当年她没有把他放到一个合适的位置而已。

包容自己的不足，给自己合适的定位，就是要根据自己的兴趣、爱好和潜质来定位自己的未来，过高或过低都会影响能力的发挥。其实，人们经常说的不能眼高手低，指的就是这个意思，不能将自己定位高于本身实际所处的位置。对本属于自己的位置不屑一顾，只会换来不断的碰壁。尤其在自己处于低谷的时候，更应该正确认识到自己所处的环境，正确估量自己，然后才能一步一个脚印地往上攀登。

是轮胎你就奔跑，是火柴你就发光，是音箱你就歌唱。每一样东西、每一个人都有自己的特点和使命。只有找准了自己的位置，人生才有成功的可能。历史上许多伟大的人物之所以成功，是由于他们给自己定好了位，在现实世界中找到了属于自己的最佳人生位置，并由此设计和塑造了自己。

唐代文学家柳宗元说过一个故事：他看到一位木工，连自己家里的木床坏了也不会修理，可见他凿、锯、刨、雕的技艺平平。但木工却声称自己能够建造房子，这令柳宗元难以相信！

后来，柳宗元在另一个工地又看到了那位木工，只见他发号施令，有条不紊，工匠们在他的指挥下，井然有序地工作着。可见，他也许并不是一位好的木工，却是一位出色的领导者。

# 由小到大，细微入里

老子说："天下难事，必做于易；天下大事，必作于细。"这句话精辟地指出了必须从简单的事情做起，从细微之处入手，因为平凡的事情更加重要。如果有些事情是不好的，而且很微小，你觉得无所谓就去做了，这样地日积月累，你就可能碌碌无为，甚至是身败名裂；如果有些事情是好的，即使很微小，你觉得有价值就去做了，这样地日积月累，你就可能稳步高升，甚至是出人头地。

其实，做平凡的事情是人在社会竞争中的基础。只有将平凡的事做好，努力把平凡的事做细，小事成就大事，细节就能成就完美。也许有人会问：什么样的事才是平凡的事呢？其实，小事处处存在，而你并没有细心地去发现。

在美国，有一个叫福特的大学生毕业后，四处求职。

这天，福特去了一家汽车公司应聘。福特发现和他同时来应聘的三四个人都比他学历高，当前面几个人面试之后，他觉得自己没有什么希望了。

但是，既来之，则安之。福特敲门走进了董事长办公室，一进办公室，他发现门口的地上有一团废纸，便弯腰捡了起来，并顺手扔进了纸篓里。然后他才走到董事长的办公桌前，说："我是来应聘的，我叫福特。"

董事长说："很好，很好！福特先生，你已被我们录用了。"福特惊讶地说："董事长，我觉得前几位都比我好，你怎么把我录用了？"

董事长说："福特先生，前面三位学历的确比你高，且仪表堂堂，但是他们眼睛只能看见大事，而看不见小事。我认为像你这样能看见小事的人，将来自然能看到大事。一个只想看见大事的人，他会忽略很多小事，他是不会成功的。所以，我才录用了你。"

福特就这样得到了这个职位。他进了这个公司后，坚持不懈地努力，最终收购了这家公司，并把这个公司改名为"福特公司"。

是啊，这都是生活中平凡的小事，很多这样的小事你能做，其他的人也能做。所以，你要想比别人优秀，就要在每一件小事上下功夫。认真地把事情做对，用心地把事情做好。看不到平凡的事的人，或者不把平凡的事当回事的人，做什么事都是敷衍了事。这种人无法把生活当作一种乐趣，也无法体会到生活中的成就感。而考虑到细节、注重细节的人，不仅认真对待生活，将平凡的事做细，而且注重在做事中找到机会，从而使自己走上成功之路。

宋玉是一家跨国集团所辖分公司的员工，经过几年的奋斗，她现在已成为这家公司的公关部经理。一次，总公司的几位高层领导在香港举行宴会，宋玉因为自恃业绩卓越，认为应做一些大事，做小事太埋没自己了，上边让她处理一些小事她总是推掉。慢慢地，她变得目中无人，就连香港分公司的总经理也不放在眼里。总经理是一位宽容之人，不想给她造成难堪。

在一次宴会上，宋玉周旋于宾客间，确实令宴会气氛甚为活跃。到总公司的高层和主管分公司的总经理致辞时，宋玉在旁一一介绍他们出场。轮到她的上司，即分公司的总经理时，她竟先说了一番感谢词，虽然只是三言两语，却已经让公司的主管皱眉，因为她当时只负责介绍上司出场，没有权力发言。

在宴会的过程中，总公司主管主动与她交谈了一番。发现她在提及公司的事务时，常以个人主见发表意见，全不提经理的旨意，给人的印象是，她才是这个公司里的总经理。宴会后，宋玉被他的上司找个借口炒了鱿鱼。

　　可见，一个藐视一切、不屑于做小事的人，是不会获得老板赏识的，成功就更无从谈起了。

　　盈盈和晶晶毕业于同一所大学，盈盈冷艳秀丽、才华出众、但性情孤傲，晶晶聪颖活泼、热情随和、善解人意，毕业后两人同时走进人才交流中心应聘于同一家公司，公司老总是一位40多岁的女性，应聘那天天气很热，女老总随口说了声："天气这么热，连口喝的水也没有。"晶晶听后，很快出门，不一会儿几瓶矿泉水送到了招聘人的手中，盈盈则不屑一顾，只顾忙着交出自己的求职信和简历。最后晶晶凭着她的善解人意打动了老总的心，虽然从简历上看稍逊于盈盈，也还是和盈盈一起顺利地走进了这家公司，两人又被安排在了同一部门工作。

　　工作中盈盈带给人的总是一种居高临下、高人一等的感觉，对办公室的同事直呼其名，对下属部门的职工也是不管不问，甚至对顶头上司的杨经理也是爱理不理，每天上班准时来，下班就走人，很少与公司的员工交往；而晶晶却给人一种小心翼翼，毕恭毕敬的感觉，见面时总是人未启口先有笑，非常尊敬每一位同事和上司，下班后见有未完成工作的同事就过去帮个忙，顺便和同事聊聊天，下属部门哪位职工有了困难和麻烦也总能见到她的身影。因此，她有什么事情大家也都乐意帮她，人缘非常好。

　　过了一段时间，部门需要新增一位副经理，公司决定从本部门员工中提拔一位，通过公开民主竞选，晶晶以绝对优势战胜了盈盈，坐上了副经理的位子，成为公司里最年轻的中层领导。此时的盈盈陷入了深深的思索中。

　　在职场里，人本身的知识和专业才能只是一个基点，越是有才能的人越要学会收起自己的高傲，从小事做起，这样才能得到大家的认可和爱戴。那些藐视一切，自己拿自己当回事的人肯定不会有什么人缘，受老板重用更是无从谈起。

　　人应该改变心浮气躁、浅尝辄止、眼高手低的毛病，要注重平凡的事情，用一颗平平常常的心，把小事做好。在这个世界上，最容易完成的事情是最简单的事情，最难的事是成百成千次地重复一件简单的事情，而成功就恰恰在于此。

　　"一屋不扫，何以扫天下。"是大家再熟悉不过的道理。所以人生当中无小事，每做好一件平凡的事情实际上就是对自身能力和素养的一次锻炼，尤其是年轻人千万不要因为事情小或者低微就鄙视它，放弃将会使你失去一次锻炼的机会，也就减少了一次提高自己的机会。现代有句流行的话说：态度决定一切。如果你能实事求是，丢掉不切实际的幻想，不骄不躁，从身边的小事做起，扎根于不起眼的工作。那么，成功也就离你越来越近了。

# 既然做事，就必须负责

责任心是个人必备的道德修养，它既包括对自己的责任，也包括对他人、对社会的责任，努力学习、工作，力求上进是对自己负责的表现。很多人将自己不能够胜任什么事情归结于别人环境等。一个不愿意承担责任而善于找借口的人，永远不可能改进自己。所以，你要改变的是自己的态度，由此才能实现良性循环，这完全取决于你自己。如果你是一个富有责任感的人，你就不会动不动便为自己找借口，因为你知道借口不能解决任何问题。

你应当对自己说："所有的问题都是我的问题，学习不好是我的问题，工作不好是我的问题，生活不好是我的问题。"难道不是这样的吗？因为你是自己生命的主宰，你是自己命运的设计师，你是生活的主人——你必须有这样的认知，并以此来激励自己。

在责任的激励下，人们办事情就不会再拖拖拉拉，而是主动地去承担，努力的改善自我，这样的人才更具有发展的潜力，责任其实不止是对别人负责，更是对自己负责。

有了责任心，生活就有了真正的含义和灵魂。责任心还是衡量一个人成熟与否的重要标准。一个缺乏责任心的人，在没有人为他负责的时候，就喜欢哀叹自己的不幸，抱怨生活的不公。

林肯曾说："人所能负的责任，我必能负；人所不能负的责任，我亦能负。如此，才能磨炼自己。"这足以作为我们每一个人的座右铭。

　　孟亮很不满意自己的工作，他愤愤不平地对朋友说："我在公司里的工资是最低的，并且，老板也不把我放在眼里，如果再这样下去，我就辞职不干了。"

　　"你对公司的业务流程熟悉吗？对于他们所做的电子商务的窍门完全弄清了吗？"朋友问他。

　　"没有，我懒得去钻研那些东西。"孟亮漫不经心地回答朋友。

　　"我建议你先静下心来，抱着积极的态度，认真地对待自己的工作，把业务技巧、商业秘诀、客户特点完全搞通，然后再做决定，这样，你可能会有许多收获。"

　　孟亮听了朋友的建议，一改往日懒散的习惯，开始积极投入到工作中。还常常下班后，在办公室里研究商业文书的写法。

　　半年后，他和那位朋友又聚到了一起。

　　"你现在大概都学会了，是不是又准备拍桌子不干了？"朋友问他。

　　"这几个月来，老板对我刮目相看。最近，更是委以重任，又升职，又加薪，我都快成公司里的红人了。所以，我想留下来继续发展，不打算跳槽了。"孟亮乐呵呵地对朋友说。

　　"这种情况，我早就料到了。"朋友也笑着说，"当初你的老板不重视你，是因为你在工作中自由散漫，敷衍了事，又不努力学习，觉得不会有什么作为。现在，你工作态度这么积极，任务多了，能力也强了，当然会令他刮目相看。"

　　成功的力量就潜藏在我们的身体内，寻求外界的帮助是徒劳无益的。在充满挫折的人生道路上，我们只有勇于负责、面对现实、凝聚力量，未来才会更加灿烂光明。一个再有能力的人如果没有责任感的话也不会很认真地做好一件事情，因为这样的人很容易给自己找借口不去做事情，或者做事情的时候推三阻四，这样，还有谁敢把重任交给他呢？

　　责任是一种与生俱来的使命，从来到这个世界到离开这个世界，我们每时每刻都要履行自己的责任。责任能够让一个人具有最佳的精神状态，积极投入生活与工作中，并将自己的潜能发挥到极致。有责任心的人，必定是敬业、热忱、自动自主的人。在责任的内在驱使下，我们常会生出一种崇高的归属感和使命感。当我们把人生当成一项伟大的事业，用全部热情去实践的时候，生命更容易激发出绚丽的色彩，成功也变得触手可及。

责任，是上天赋予的使命。每个人来到这个世上，都需要承担责任。没有责任的人生是空虚的，不敢承担责任的人生是脆弱的。勇于承担责任的人，能获得别人的尊敬和信任，获得生命的成就感和自豪感。责任，可以使一个人的潜能得到极大的发挥。一个有责任感的人能够有足够的勇气去克服重重困难。在犯错的时候，我们必须承担责任；在大难面前，我们必须担当责任。

一列火车刚刚开动，一节车厢里便传出一阵痛苦的呻吟。

大家循声望去，是一位年轻的妇女，痛苦使她的身体扭作一团，蜷在座位上。列车员走过去，询问后才知道，她要生孩子了。坐在她身边的丈夫很紧张，他告诉列车员，妻子以前难产过一次，孩子没保住。车厢最后一排座位很快被腾空，妇女被平放在座位上，列车员拉起一张布帘子挡着她。列车员迅速广播通知，紧急寻找一位妇产科医生。

这时一位20出头的姑娘害羞地站了起来，小声地对列车长说她是一名护士。

"在这里，你就是专家，"列车长的眼中充满着信任，"相信自己。"姑娘用更低的声音说："我毕业不到1个月，就因为粗心被医院辞退了，已经很久没有从事医护工作了，而且，从来没有接生过，她还有难产经历呢！""孩子，那只是过去，你行的。"列车长说。

姑娘脸上在一瞬间掠过神圣无比的表情，只见她昂首挺胸，信心百倍地走到了车厢后面。

半个小时后，一个孩子清脆的哭声从车厢后面传来，一直悬着心的乘客们热烈地鼓起掌来，接生的姑娘脸上有汗水也有泪水。"你从来没有接生过，你是怎么做到的啊？"有乘客问那位姑娘。

"事实上，我对接生的认识，仅仅局限于教材上那一点点内容，是责任给了我力量，"姑娘说，"列车长说我是专家，让我明白了，在这里，只有我能够完成接生任务，而且作为这里唯一的学医者，我应该担负起责任。"

小护士起初胆怯、害羞是因为她没有足够的把握和自信，但责任给了她勇气和信心，在责任面前、在生命的呼唤中，小护士成功了，或许连她自己也不敢相信她真的做到了，但是她的确做到了。这就是责任的力量。

生活中，我们每个人都面临着责任，对工作，对家庭，对亲戚朋友的责任，责任是一种无形的动力，它激励着我们不断向前，向着自己必须承担的必须肩负起的事情迈进。没有了责任，一个家庭怎么会幸福，一个企业缺乏社会责任感，在社会上也不会站稳脚跟，它不对它的产品负责，不在产品出问题的时候勇于承担责任，那么它又怎么能获得大众的信赖呢？这样这个企业发展会受限，甚至面临倒闭的危险。

责任可以使得我们更加坚强、更加积极，让我们扛起肩上的重担向前冲。一个有责任心的人，无论走到哪里都会获得人们的尊敬；一个有责任心的人，无论做什么事情都会让人放心。因为他敢于挑起重担，勇于承担责任，所以人们也会习惯性地给予他重任！

# 能做到的事一定要做好

如果一个人长期做一件自己不喜欢做的事，生活就会变得无趣，但如果一个人专心致志地做一件自己喜欢的事，就说明他具备做这种事的素质、有天赋，做着顺心，当然就更加有趣。做自己能做的事，不要让心理情绪成为你人生路上的梗塞，要做快活的自己。

要听自己喜欢的话。一个事实没法否认，只要人们生活在世间，其所作所为就会被人评价、议论，就像太阳东升西落的定律一样，是亘古不变的。所以在生命的舞台上，每个人都是自己的主角，而别人只是旁观者。当面对所有的评论和议论时，不必太当回事，如果能得到认同算是最好，但也不能勉强，可以把意见当作选择性的参考，而主要还是以自己的意志为主。当然不必为别人一句无的放矢的话而浪费任何精力，举个简单的例子来说，如果有人为哈哈镜里照出来的自己而苦恼不已，那只能说其是庸人自扰。现实生活总是残酷的，为了生存，许多人不得不做自己不愿意做的事情，而且似乎习惯了在忍耐中生活，能活出自己勇气的人似乎不很多，而我们唯一做到的就是对自己的所作所为问心无愧。而这心就是指自己，坦然面对生活的心。

忠于自己的感觉、做自己想做的事是生命活力的来源。作为生命的动物，人生下来无论从主客观上说都要做事情，而且是生命存在不可或缺的部分。生活中最大的幸福感不是金钱方面的满足，而是能够放手做自己真正想做的事，而且乐在其中，把事情做到极致、精纯并轻松自在是做人的高深境界。人要最大限度地挖掘潜意识，找准做自己想做的事，走自己的路，只要愿意就可以去做任何事情，并不一定要等一个明确合理的理由。做自己想做的事，很多情况下做起来并不像说得那样容易，但一定要用心去争取。如果做得是自己喜欢的事情，并为之付出了不懈的努力，就一定要坚持下去。只要你想做事是符合自己愿望的，而且你出发点也很明确，相信天道酬勤，付出和回报基本是成正比的。很多人之所以没有成功，就是做了社会上想让他做但未必真心想做的一事情。而很多人之所以成功，是因为做了自己想做的事情，适合自己的天性和本性。

一个人要做自己想做的事情，才能成为这个行业里面最有可能领先的人。我们时刻都能感觉到生命是如此短暂，就应该全力去做自己想要做的事情。让那些与自己无关的事情扔在一边吧，不要让利益和虚荣遮蔽眼睛，少做与目标无关的事情。没必要去抱怨自己什么，唯一改变的就是要让自己保持身心平静，精神严谨、专注和勤奋以及侠者的勇气和意志。听从内心的声音，做自己真正想做的事情，做自己想做的人。你不必去在乎别人怎么看。

上苍在赋予一个人生命的同时，紧跟着的应该是独特的使命。做自己想做的事情，在漫长的岁月里，每个人的使命都潜藏在自己的心灵深处，当独自静想，专注地倾听自己的心跳时，就会听到那个来自心底的声音，它会告诉你的人生方向在哪里。而遗憾的是，人们的目光总容易被滚滚红尘中的灯红酒绿所吸引，耳朵太容易被嘈杂喧嚣所干扰。于是在渐行渐远的岁月深处，就会听不清甚至根本就听不到自己内心处最真实的声音。

在日常的生活中，我们的选择太容易被世俗的观念所左右，如职业要体面、薪水要丰厚、环境要舒适、甚至放任自己在物欲的世界里沉醉，却抛弃了自己的内心是否充实、安宁、充满成就感。而人生在世，只有做自己最想做的事情，才是一生的幸福所在。抓紧时间去做自己想做的事情，当年近半百的人时候，莫让自己流下感叹的泪。人生都是在不断地进进退退，所以人们会说，退一步冰雪消融，退两步春暖开，退三步海阔天空。这样的境界足让你拥有一个幸福的人生。境界是通过学习得到的，也是生活磨炼出的珍珠，更是你有心追求的未来。每个人所走的路、所展现出来在别人眼中的你，正是你内心深处的外在表达。要做自己愿意做的事情，能够做的事。

生活不需要要小聪明，做自己力所能及的事是人之本分。小鸟飞翔在天空中，歌声嘹亮而悦耳，增添大自然的生气，是它们的本分、本事。而人的本分就是安分守己，使自己的价值发挥到最大。如果只想展现本事，却不愿守住本分，导致人生方向脱序违规，就是很可怕的事情。

一位年轻人靠卖鱼维持生计，有一天，他一面吆喝一面环视四周，看看是否有人买鱼，突然一只老鹰从空中俯冲而下，从他的鱼摊叼了一条鱼后立刻转身飞向空中。卖鱼郎很生气地大喊大叫，可是没有任何作用。最后只能无奈地看着那只老鹰愈飞愈高、愈飞愈远……他气愤地自言自语，可惜我没有翅膀，不能飞上天空，否则一定不会放过你！

那天他回家时，经过一座地藏庙，就跪在地藏庙前，祈求地藏庙王菩萨保佑他变成老鹰，能展翅于天空。从此以后，他每天经过地藏庙，都会如此殷切地祈求。一群年轻人看到他天天向菩萨祈求，就很好奇地相互讨论，其中一人说，这位卖鱼的人每天都希望能变成一只老鹰，可以飞到天空，另一个人说，哎哟，他傻傻地祈求，要求到何时？不如我们来戏弄他。大家交头接耳想了一个方法戏弄他。

第二天，其中一位年轻人先躲在地藏菩萨像的后面，卖鱼郎来了，照样虔诚地祈求、礼拜。这时躲在菩萨像后面的那位年轻人就说，你求得这么虔诚，我要满足你的愿望，你可以到河边找一棵最高的树，然后爬到树上试试看。

卖鱼郎真以为听到了地藏菩萨的指示，非常欢喜。就赶快跑到河边找到一棵最高的树，然后爬到树上，可是那棵树太高，他愈往上爬越觉得担心。当他爬到树顶再往下看时，就想着，哎呀，这么高，我真能飞吗？那群年轻人也跟着来了，他们在树下故意七嘴八舌地喊着"你们看，树上好像有一只大老鹰，不知它会不会飞。""既然是老鹰，一定会飞嘛"。

卖鱼郎心里很高兴，他想，我果然已变成一只老鹰，既然是老鹰，哪能不会飞呢？于是展开双手，摆出展翅欲飞的架势，从树顶跳下去。可是他却不是向上飞，而是一直下坠。顿时让他觉得好可怕，但已经来不及。幸好，他落在泥浆地，陷入烂泥巴和水草之中，只受了轻伤。而那些年轻人跑过来幸灾乐祸地取笑他。他却说，你们笑什么，我是两只翅膀跌断了，不是飞不起来啊！

故事中卖鱼郎让人觉得很愚昧，人能长翅膀想想都觉得可笑，可是他却偏偏信以为真，于是被别人戏弄，但仍然不知自己愚昧，跌倒后还强辩，是两只翅膀断了，使其飞不起来。本来做不成的事，要去强求，结果怎么样呢？当然只算做别人的笑料吧。所以人应该做自己力所能及的事，千万不要脱离了人之本分。

人不要违背自然规律，要做自己力所能及的事，否则就会被自然法则无情的处罚。人的一生中，有天真烂漫的童年，而且还伴有幼稚的幻想，总会因为不懂世事经常犯错误，可以任凭性格任意所为。也有风华正茂的青春，用尽情的冲动，毫无顾忌地树立抱负和理想，如鱼得水地在知识的海洋里畅游。还有踌躇满志的中年，尽情地释放积蓄的知识和能量，尽情地展示自己的知识和才华，忘我地实现一个个设定的目标，在人生的舞台上展示自己。但不容忽视的健康严重透支，却是人生的一大悲哀。而人生最难过的应该是老年，健康的隐患会错失良机，或许老年是最难过。鉴于人生的不同的经历，做人要做自己力所能及的事，凡事要量力而行，切不可与自身的条件抗衡。为了健康，为了活得精彩，为了活出质量，就一定要做自己力所能及的事。

做自己力所能及的事，是不断地在提高自己的工作技能，使每件事都能做到位。像哲学上所说由量变到质变。就会使工作有成就感。对工作充满自信，继而创造不平凡的业绩。特别是刚走出校门的大学生，更应该做自己力所能及的事。很多大学生虽然对未来充满了美好的憧憬，但缺乏工作经验和技能，又不肯在一些小事情上多下功夫，认为去一线既浪费时间，又学不到有价值的东西，还又脏又累。却不知一线工作经验的是积累是一笔永不贬值的宝贵财富。活着一定要有所作为，首先要问一问自己到底能干什么，如果连自己的需要都不明白，就可能使你做出完全相反的选择。给自己的梦想留一点时间，成功的定义与方向就取决于你想要什么，由于你对成功的定义不有不同的认识，也总会让你的愿望有所改变。要把最字摆在当头，让自己为自己做决定，做你觉得有价值、有兴趣的事情才是最能满足你、最有意义的决定。要及时放弃毫无意义的固执，告诉自己，总有别的办法可以办到。

要以比较宽容的想法去看待其他事情，当你看淡一些不相干的事情，就会在不必要的事情上减少注意力，对自己负责，就要敢于挑战，生命之权操之在己，不管别人有多少意见，一定要由自己做出决定。一个人真正地活着，不能是做几千遍的幻想家，应该用行动证明自己成大事的能力。相信自己能打出一片天下，一定要给自己打气，正确评价自己的专长并利用微笑鼓舞勇气，恢复优越感与自信心。人们常常会困惑于智慧到底从何而来，到何处去，又如何去捕捉智慧的光芒，而在成本与利润的衔接点上总需要找到平衡。

每个人都会面临着不同的障碍，最大的障碍来自自身，而不是别人。在这种情况下，不要对自己产生怀疑，相信自己一直做的事是值得的，关键是要保持冷静的头脑，相信自己。不要因为缺乏必需的力量而否定一个可能的观念或构想。要随时提升自己的思考能力，改变你的想法。也就意味着改变生命中的理想、兴趣及做事优先次序的方法。要集中注意力地去做，最大限度地挖掘潜意识就像一座肥沃的田园。要有意识地运用创造性想象力去播下积极的种子，否则，如果不播下美丽果实的种子，就会让杂草在田园里蔓延生长。不要因为疏忽、不认真而任由消极性甚至破坏性的种子浸入到田园。当机会到来时，如果对其麻木不仁就会与其失之交臂。被动地等待或守株待兔，也是浪费时间、错失良机的举动。就等于把自己的命运将会给未可知的外力来决定。做力所能及的事，摒弃浮躁的心灵，多一分淡然自若的心态。中国自古崇尚精英式的教育，尽是让每一个人都做"伟人""强人"。而社会却是由形形色色的人组成的，不可能每一个人都是强者，但可以让每一个人尽其才，做自己力所能及的事，你会因为充实而变得更加有趣。

# 走成功的道路

生活本身是富有情趣的，不懂得生活的人就谈不上成功，其实真正的成功何尝不是如此，从生活中的点滴做起，坦言失败，坚持积累，用心去做，这一切均为人们终生寻求的成功之道。当找到人生使命的时候，当定位人生的时候，我们就应该用生命来完成它。眼下，懂道理的人到处都是，但付诸行动的太少了。任何成功都不是想出来的，一定是行动的结果。行动了就可能犯错误，但我们必然会修正错误。一心向着目标行动的人，整个世界都会为他让路。

1928 年，大散文家沈从文被当时任中国公学校长的胡适聘为该校讲师。沈从文时年才 26 岁，学历只是小学文化，闯入十里洋场的上海为时不长，即以一手灵气飘逸的散文而震惊文坛，当时已颇有名气。

但是，名气不是胆气，在他第一次走上讲台的时候，除原班学生外，慕名而来听课的人很多。而对台下满堂坐着的渴盼知识的学子，这位大作家竟整整呆了 10 分钟一句话也说不出来。后来开始讲课了，而原先准备好的要讲授一个课时的内容，被他三下五除二地十分钟就讲完了，离下课时间还早呢！但他没有天南海北的瞎扯来硬撑"面子"，而是老实拿地起粉笔在黑板上写道："今天是我第一次上课，人很多，我害怕了。"于是，这老实得可爱的"坦言失败"，引得全堂爆发出一阵善意的欢笑……胡适知道后，评价这次讲课时，对沈从文的坦言与直率，认为是"成功"了！

坦言失败的前提，需有光明磊落的胸襟和正视自我的勇气；而善待失败应是对自己失败的原因有所了解和发现，从而才有可靠的举措成竹在胸，这样，就不会重蹈失败覆辙。而这样的既敢"坦言"又能"善待"的"失败"，才会成为"成功之母"。并且在从失败中吸取教训后，再坚持不懈走下去，相信成功会属于你。

约在1个半世纪以前，一艘英国商船沉没于马六甲海域，这是一艘从广州驶出的船上载满古老中国的丝绸、瓷器及珍宝。10年前一位名叫鲍尔的人偶然从资料上获此信息，便下决心打捞这艘沉船，他在深黑的海底摸索了漫长的8年，探寻了70多平方公里的海域，终于找到了海底的宝物。耗资是巨大的，工作刚进行了30天，就用去了大笔资金，两位最初的合伙人认定无望而离去。之后没有一个合伙人能坚持得更久，其中有一位鲍尔的好友，几次加入又几次离去，并一次次劝说鲍尔放弃这"疯子"般的念头。

事后鲍尔说他其实一直有放弃的念头，每次精疲力竭地从海底潜回时他都想永远不再下去了，他甚至怀疑早年的记载有误，而且8年来他已耗尽巨资债台高筑，但他终于坚持到了成功的这一天。坚持不用多，在人的一生中，有一次坚持到底就算是成功，而放弃一旦开了头就决不会少，对于曾经认定的事——事业、爱情、友谊，放弃过一次就会一再放弃。其实，在坚持是对的，因为在坚持中也可不断积累。

在很久以前，泰国有个叫奈哈松的人，一心想成为一个大富翁。他觉得成为富翁的最短的捷径便是学会炼金之术。此后他把全部的时间、金钱和精力，都用在了炼金术的实验中了。不久以后他花光了自己的全部积蓄。家中变得一贫如洗，连饭都没得吃了。妻子无奈，跑到父亲那里诉苦。她父亲决定帮女婿改掉恶习。他让奈哈松前来相见，并对他说："我已经掌握了炼金之术，只是现在还缺少一样炼金的东西……"

"快告诉我还缺少什么？"奈哈松急切问道。

"那好吧，我可以让你知道这个秘密。我需要3公斤香蕉叶下的白色绒毛。这些绒毛必须是你自己种的香蕉树上的。等到收齐绒毛后，我便告诉你炼金的方法。"

奈哈松回家后立刻将已荒废多年的田地种上了香蕉。为了尽快凑齐绒毛，他除了种以前就有的自家的田地外，还开垦了大量的荒地。当香蕉长熟后，他便小心地从每张香蕉叶下搜刮白绒毛。而他的妻子和儿女则抬着一串串香蕉到市场上去卖。就这样，十年过去了。奈哈松终于收集够了3公斤绒毛。这天，他一脸兴奋地拿着绒毛来到岳父的家里，向岳父讨要炼金之术。

岳父指着院中的一间房子说："现在，你把那边的房门打开看看。"奈哈松找开了那扇门，立即看到满屋金光，竟全是黄金，她的妻子儿女都站在屋中。妻子告诉他，这些金子都是他这十年里所种的香蕉换来的。面对着满屋实实在在存在的黄金，奈哈松恍然大悟。

现实生活中，人人都有梦想，都渴望成功，都想找到一条成功的捷径。其实捷径就在你的身边，那就是勤于积累，脚踏实地，全身心的投入不可或缺。

擦鞋在人们的印象中，绝对是一种难登大雅之堂的职业，如果有人以此终生为业，那他一定不会有多大的出息。实际上呢？我们却想错了，一个名叫源太郎的日本人，就是凭借擦鞋，从而成就了自己辉煌的人生。多年前，身为化工厂工人的源太郎失业了。一个偶然的机会，他从一位美国军官那里学会了擦鞋，他很快就迷上了这种工作；只要听说哪里有好的擦鞋匠，他就千方百计地赶去请教、虚心学习。

日子一天天地过去了，源太郎的技艺越来越精。他的擦鞋方法别具一格：不用鞋刷，而用木棉布绕在右手食指和中指上代替，鞋油也自行调制。那些早已失去光泽的旧皮鞋，经他匠心独运的一番擦拭，无不焕然一新，光可鉴人，而且光泽持久，可保持一周以上。更绝的是，凭着高深的职业素养，源太郎与人擦肩而过时，便能知道对方穿何种鞋；从鞋的磨损部位和程度，他可以说出这人的健康和生活习惯。他的精湛技艺，打动了东京一家名叫"凯比特东急"的四星级饭店，他们将源太郎请到饭店，为饭店的顾客擦鞋。

令人惊讶的是，自从源太郎来到"凯比特东急"之后，演艺界的各路明星一到东京便非"凯比特东急"不住；一向苛刻挑剔的明星们对此情有独钟的原因非常简单，就是享受一下该店擦鞋的"五星级服务"。当他们穿着焕然一新的皮鞋翩然而去时，他们的心中深深地记下了源太郎的名字。

源太郎炉火纯青的技术、一丝不苟的精神和非同凡响的效果，为他赢得了众多顾客的青睐。他的老主顾不只来自东京、京都、北海道，甚至还有香港、新加坡等地。在他简朴的工作室内，堆满了发往各地的速寄纸箱。如今的源太郎，早已成为"凯比特东急"的一块金字招牌。

源太郎的努力，为他自己创造出一份辉煌的业绩。事实上，只要我们用心去做，哪一件小事不能成就大业呢？

只有在人生道路中与苦难交锋，才知苦难也是一种财富。人不是战胜痛苦的强者，便是屈服于痛苦的弱者。再重的担子，笑着也是挑，哭着也是挑。再不顺的生活，微笑着撑过去了，就是胜利。苦难是人生旅途中不可以绕着走的驿站，是成功道路上必须爬过去的山峰，我们只有知难而上，跌倒后再爬起来，失败后再鼓起勇气去奋斗，才能培养起过硬的素质，才能有抵达辉煌的希望。彩虹总在风雨后，无限风光在险峰。生活如果都是两点一线般的顺利，就会如白开水一样平淡无味。只有酸甜苦辣咸五味俱全才是生活的全部。

生活是精彩的，人生是美丽的，快乐是无限的。体会人生，回味无穷。人生犹如一杯咖啡，苦中带涩。生活途中有苦也有乐，与其让生活从苦中度过，还不如让生活从快乐中度过。遥远的路途，坎坷崎岖，难以预设，难以掌握，但风景依然，心依然，一路的奔波，尽管劳碌，难以寄托，难以言说，可不再重来，也回不到最初，许是越走越累，许是越走越轻松，许是越走越无奈，可总得要走，不停地走，一直朝前走。